U0826350

税务干部业务能力升级学习丛书

信息技术

习题集

本书编写组◎编

中国税务出版社

图书在版编目（CIP）数据

信息技术习题集／本书编写组编．－－北京：中国税务出版社，2024．8．－－（税务干部业务能力升级学习丛书）．－－ISBN 978－7－5678－1542－1

Ⅰ．TP3－44

中国国家版本馆 CIP 数据核字第 2024XN0791 号

丛 书 名：税务干部业务能力升级学习丛书
书　　名：信息技术习题集
XINXI JISHU XITIJI
作　　者：本书编写组　编
责任编辑：张　敏
责任校对：姚浩晴
技术设计：林立志
出版发行：中国税务出版社
北京市丰台区广安路 9 号国投财富广场 1 号楼 11 层
邮政编码：100055
网址：https://www.taxation.cn
投稿：https://www.taxation.cn/qt/zztg
发行中心电话：(010)83362083/85/86
传真：(010)83362047/49
经　　销：各地新华书店
印　　刷：天津嘉恒印务有限公司
规　　格：787 毫米×1092 毫米　1/16
印　　张：17.75
字　　数：355000 字
版　　次：2024 年 8 月第 1 版　2024 年 8 月第 1 次印刷
书　　号：ISBN 978－7－5678－1542－1
定　　价：52.00 元

编者说明

为落实打造效能税务要求，持续深化依法治税、以数治税、从严治税一体贯通，不断提升税务干部税费征管、便民服务、风险防范的能力和水平，我们结合税收工作实际，组织编写了“税务干部业务能力升级学习丛书”，分为《通用知识》《综合管理岗位知识与技能》《纳税服务岗位知识与技能》《征收管理岗位知识与技能》《税务稽查岗位知识与技能》《信息技术岗位知识与技能》及配套习题集。

《信息技术习题集》与“税务干部业务能力升级学习丛书”之《信息技术岗位知识与技能》相配套，紧扣信息技术岗位专业知识与当前税收工作新形势新任务新要求，题型丰富、重点突出；在题目设计上，按照《信息技术岗位知识与技能》所列知识体系和知识点编写，并适当拓展提升；书后附列3套模拟试卷，考查全面、难易适中，可以帮助税务干部学练结合，快速掌握相关岗位业务知识，提升业务能力。

由于时间及能力所限，书中疏漏在所难免，不妥之处恳请读者批评指正。具体修改意见和建议，请与编辑联系（邮箱：bjzx@taxation.cn，QQ：1050456451），以便修订时更正。

编　者

CONTENTS

目 录

第一部分 章节同步练习

第二部分　模拟测试

第一部分

章节同步练习

第一章　信息化建设与管理

>>本章知识框架

节	细目	知识点	学习进度
IT 治理	信息化建设	【知识点 1】信息化	
		【知识点 2】信息化建设的内容	
	IT 治理的概念	【知识点 1】IT 治理的定义	
		【知识点 2】IT 治理基础	
		【知识点 3】IT 治理体系	
	国家信息化治理	【知识点 1】习近平总书记关于网络安全与信息化建设的重要论述	
		【知识点 2】国家层面信息化建设	
		【知识点 3】税务总局层面信息化建设	
项目管理	项目管理概述	【知识点 1】项目管理的定义	
		【知识点 2】项目基本要素	
		【知识点 3】项目管理基本方法	
		【知识点 4】项目生命周期	
		【知识点 5】项目管理过程组	
		【知识点 6】软件项目管理	
	项目准备与启动	【知识点 1】项目可行性分析	
		【知识点 2】项目招投标	
		【知识点 3】项目启动过程	
		【知识点 4】项目干系人	

续表

节	细目	知识点	学习进度
项目管理	项目计划	【知识点 1】项目计划的概念	
		【知识点 2】项目计划的内容	
		【知识点 3】项目计划工具	
		【知识点 4】项目计划方法	
	项目范围管理	【知识点 1】项目范围的定义	
		【知识点 2】工作结构分解	
		【知识点 3】范围确认	
		【知识点 4】范围控制	
	项目进度管理	【知识点 1】项目识别	
		【知识点 2】关键路径管理方法	
		【知识点 3】项目里程碑概念内涵	
		【知识点 4】项目进度计划编制	
		【知识点 5】项目进度管理工具	
	项目质量管理	【知识点 1】项目质量管理的概念	
		【知识点 2】质量保证	
		【知识点 3】质量计划	
		【知识点 4】项目质量控制	
		【知识点 5】质量管理工具	
	项目风险管理	【知识点 1】项目风险管理的概念	
		【知识点 2】项目风险识别	
		【知识点 3】项目风险评估	
		【知识点 4】风险监控和规避	
	项目人力资源管理	【知识点 1】项目人力资源管理的概念	
		【知识点 2】项目团队建设	
		【知识点 3】沟通和协作方法	
		【知识点 4】知识传递、培训、分享	
		【知识点 5】团队绩效管理	

续表

节	细目	知识点	学习进度
项目管理	项目监督与控制	【知识点 1】项目监督与控制的一般过程	
		【知识点 2】项目变更控制	
		【知识点 3】项目审计	
	项目收尾	【知识点 1】验收过程与内容	
		【知识点 2】项目总结的内容和方法	
		【知识点 3】合同管理	
ITIL	ITIL 的基本概念	【知识点 1】服务	
		【知识点 2】服务管理	
		【知识点 3】ITIL 的定义	
		【知识点 4】ITIL V3 的生命周期	
		【知识点 5】ITIL 实践体系的现实意义	
	ITIL 4 的框架	【知识点 1】服务价值体系	
		【知识点 2】ITIL 服务价值链	
		【知识点 3】六个价值链活动	
		【知识点 4】ITIL 实践	
		【知识点 5】ITIL 指导原则	
		【知识点 6】治理	
		【知识点 7】持续改进	
		【知识点 8】ITIL 持续改进模型	
		【知识点 9】ITIL V3 与 ITIL 4 的区别	
	服务战略	【知识点 1】服务战略目标	
		【知识点 2】服务战略 4P 原则	
		【知识点 3】服务价值创造模型	
		【知识点 4】战略管理	
		【知识点 5】服务财务管理	
		【知识点 6】组合管理	
		【知识点 7】关系管理	

续表

节	细目	知识点	学习进度
ITIL	服务设计	【知识点 1】服务设计的目标	
		【知识点 2】服务设计的五个方面	
		【知识点 3】服务目录管理	
		【知识点 4】服务级别管理	
		【知识点 5】容量管理	
		【知识点 6】可用性管理	
		【知识点 7】IT 服务连续性管理	
		【知识点 8】信息安全管理	
		【知识点 9】供应商管理	
		【知识点 10】设计协调	
	服务转换	【知识点 1】服务转换的概念	
		【知识点 2】变更实施	
		【知识点 3】服务配置管理	
		【知识点 4】IT 资产管理	
		【知识点 5】发布管理	
		【知识点 6】知识管理	
		【知识点 7】服务验证与测试	
		【知识点 8】变更评价	
		【知识点 9】项目管理	
	服务运营	【知识点 1】服务运营的概念	
		【知识点 2】监视和事态管理	
		【知识点 3】事件管理	
		【知识点 4】服务请求管理	
		【知识点 5】问题管理	
		【知识点 6】服务台	
	持续服务改进	【知识点 1】持续服务改进的概念	
		【知识点 2】戴明环	
		【知识点 3】持续改进	
		【知识点 4】六西格玛质量管理标准	

续表

节	细目	知识点	学习进度
ITIL	持续服务改进	【知识点5】服务度量	
		【知识点6】服务报告	
	IT服务管理项目规划与实施	【知识点1】SMART原则	
		【知识点2】IT服务管理项目成功的关键	
		【知识点3】IT架构管理	
		【知识点4】IT服务管理咨询和实施的阶段	
	开发运维一体化DevOps	【知识点1】DevOps的定义	
		【知识点2】DevOps要解决的三个关键问题	
		【知识点3】DevOps与敏捷开发的关系	
		【知识点4】DevOps与ITIL的关系	

>> 习题演练

一、单项选择题

1. 以下关于进度管理工具甘特图的叙述中，不正确的是（　　）。

A. 能清晰地表达每个任务的开始时间、结束时间和持续时间

B. 能清晰地表达任务之间的并行关系

C. 不能清晰地确定任务之间的依赖关系

D. 能清晰地确定影响进度的关键任务

【解析】甘特图能够直观表明各个任务的计划进度和当前进度，能够动态反映软件开发进展情况。其缺点是不能描绘任务间的依赖关系，不能明确关键任务。

【答案】D

2. 在项目质量保证过程中，项目经理与质量专家一起工作。他们正在执行的活动属于（　　）。

A. 质量控制

B. 确定使用的是否是正确的质量标准

C. 确定应该使用什么质量标准

D. 按照标准评估质量

【解析】既然是质量保证过程，就不会提到质量控制。选择质量标准是规划质量管理过程必须做的。按照标准评估质量是控制质量过程必须做的。

【答案】B

3. 项目经理接手一个项目。此时项目章程已经审批，有项目团队成员 16 人，进度限制已经明确。项目经理在制订沟通管理计划之前，首先应该做的是（　　）。

A. 识别干系人　　B. 风险规划

C. 进度计划　　D. 费用预算

【解析】先识别干系人，后规划沟通管理。

【答案】A

4. 项目经理决定与一个测试组进行试点计划，识别最常见的问题，并确定潜在的改进领域。下列项目有助于识别这些问题并将其作为改进领域排列优先顺序的是（　　）。

A. 石川图　　B. 标杆对照

C. 实验设计　　D. 帕累托图

【解析】帕累托图：一种按发生频率排序的直方图，显示每种已识别的原因分别导致的结果数量。

【答案】D

5. 在准备工作分解结构（WBS）时，项目经理识别到可能存在成本超支。项目经理应使用（　　）工具或技术来获得三点估算。

A. 项目相关方访谈　　B. 敏感性分析

C. 风险分析　　D. 定量分析

【解析】定量风险分析工具，数据收集—访谈。当需要向专家征求信息时，访谈尤其适用。

【答案】A

6. 某公司确立了一个变更控制部门负责批准、推迟或否决该公司的电子设备项目提出的变更。该部门确立了明确的步骤来管理其运作。这些步骤需要所有被核实的变更都反映在（　　）。

A. 绩效测量基准计划　　B. 变更管理计划

C. 质量保证计划　　D. 项目计划

【解析】项目计划必须不断更新以反映出项目的变更，而这些变更必须及时地通知相关的项目干系人。

【答案】D

7. 某项目有许多不同的工作结果，关于这些工作结果的信息，比如说产生了哪些成本，项目的哪些部分已经完成而哪些还没有完成，将在（　　）过程中被使用。

A. 项目计划的执行　　B. 综合变更控制

C. 绩效报告　　D. 范围确认

【解析】工作结果是为完成项目所进行的各种活动的结果。有关工作结果的信息作为项目计划执行的一部分被收集，而且应该用于绩效报告过程，以给项目干系人提供有关资源如何被用于实现项目目标等方面的信息。

【答案】C

8. 在项目管理中，一般认为如果只有领导能力而没有管理能力或只有管理能力而没有领导能力，都可能带来不好的结果。以下这些主要的责任最能代表领导才能的是（　　）。

A. 确立方向，招募人员，激发和鼓励其他人

B. 通过其他人来完成工作

C. 运用超凡的人格魅力来激发其他人

D. 运用各种适当的力量作为激发工具

【解析】领导才能包括开发对未来的洞察力及将其变成现实的战略，安排人们去实现远景目标，以及帮助人们激励自己去跨越障碍。

【答案】A

9. 某项目的项目经理辞职了，请来一个新的经理管理这一项目。为评估项目范围变更的程度，需要将这些请求与（　　）文件进行比较。

A. 范围陈述　　B. WBS

C. 项目计划　　D. 范围管理计划

【解析】工作分解结构确定了项目的基准线范围，这个基准线为任何发生在项目中的变更提供基准。

【答案】B

10. 一个新的构建项目，需要让每个项目队员完成独立的工作包。该工作包是一个（　　）。

A. WBS 中可交付的最小的工作单元

B. 有独特标记的任务

C. 报告所需要的层次

D. 可以被分配给多家机构单位的工作

【解析】一组工作是一个项目或 WBS 中最小单位的工作分割。

【答案】A

11. 为决定某个项目是否可行，需要准备一个（　　）。

A. 可行性研究　　B. 投资回收报告

C. 自造/购买分析　　D. 项目章程

【解析】可行性研究意图解释项目是否能在有限的资源、时间表限制、预算限制和其他可能阻碍项目实施的因素的基础上成功地完成。

【答案】A

12. 最大限度的不确定性是在项目生命周期的（　　）阶段遇到的。

A. 概念　　B. 计划

C. 执行　　D. 完成

【解析】对于未来的最大限度的不确定性是在构想阶段发生的。项目的方向在这个阶段被确定，并且这些决策对于项目的范围、质量和成本产生最大的影响。

【答案】A

13. 项目计划对变更控制来说很重要，因为它（　　）。

A. 提供管理变更的基准

B. 提供项目绩效方面的信息

C. 提醒项目团队将来可能发生的问题

D. 在整个项目过程中都可能会改变

【解析】项目计划是整合变更控制的一个主要的初始投入。

【答案】A

14. 某公司是当地最大的化工厂之一，被起诉向城里的河中非法倾倒有毒物质，法庭裁定公司的清理活动必须在 12 月 15 日之前完成。这样一个约束是（　　）的例子。

A. 一个关键事件　　B. 一个主要里程碑

C. 一个强制日期　　D. 一个外部的依赖

【解析】项目发起人、客户或其他外部因素对完成特定的可交付事项所要求的日期，被认为是一个强制日期。

【答案】C

15. 项目进度制定是一个迭代的过程。如果起始和结束的日期不合实际，则项目可能无法按计划完成。因此你认识到进度控制的重要性，你与你的团队一起来定义怎样管理进度变更。你用（　　）记录你的决定。

A. 进度变更控制过程　　B. 进度管理计划

C. 进度风险计划　　D. 服务水平协议

【解析】进度管理计划是整个项目计划的一个辅助因素。它确立了怎样管理进度变更。它可能是正式的也可能性是非正式的、高度细节化的或粗放式的或者是基于特殊的项目需要。

【答案】B

16. 为准备项目日程表，对每个活动计算出一个简单的、确定性的最早最晚开始日期和最早最晚完成日期，适合使用（　　）。

A. 甘特图　　B. GERT

C. CPM　　D. 蒙特・卡罗分析

【解析】CPM 对每个活动只需要一个时间估计来确定所有项目活动中逻辑上最长的路径。将最早开始与最晚开始的差别进行比较，决定浮动时间或时差。

【答案】C

17. 分解是一种既可用于范围定义又可用于活动定义的技术。以下各项最能描述分解在活动定义中而不是在范围定义中所起的作用的是（　　）。

A. 描述了有关 WBS 中工作包的最后输出

B. 最后输出被描述成可交付事项或切实的事项

C. 最后输出被描述成活动或行动步骤

D. 分解在范围定义中的应用与在活动定义中一样

【解析】在范围定义中，最后输出被叫作可交付事项或实际事项。

【答案】C

18. 对活动排序有几个工具和技术可用。选择哪一个工具或技术是由几个因素决定的。如果项目经理决定将子网络作为其进度技术的一部分，这个决定对项目意味着（　　）。

A. 工作是唯一的，在不同的阶段需要特别的网络图

B. 管理资源的软件在一个现存的电子网络中是可以获得的

C. 一些相同的或几乎相同的活动系列在项目中不断重复

D. 多个关键路径存在于网络中

【解析】当相同的网络描述在一个项目中重复时，就可以建立这些活动的模板。如果这些工作重复了几次，模板就能够更新几次。可以用软件对模板进行处理保存以便以后应用。

【答案】C

19. 柱状图表示项目状态便于每个人理解，与柱状图不同，里程碑图主要用来表示（　　）。

A. 预先定好的主要可交付事项和关键事件的开始和完成

B. 活动开始和结束的日期

C. 期望的时长周期

D. 依赖事项

【解析】里程碑是项目的重大事件，比如，一项重大活动或一组活动的开始和结束。里程碑图表示主要可交付成果和关键事件预定的开始和结束。

【答案】A

20. 在某一项目中，要完成许多的测试，其中一项如果检查到一个错误，则可能要对项目的设计进行修改，这就需要做更多的测试。能最好地处理这类问题的网络技术是（　　）。

A. PDM 网络　　　　B. PERT 图

C. GERT 网络　　　　D. ADM 网络

【解析】当项目出现错误，需要进行返工、迭代，就会形成工作回路。GERT 网络是用来解决是否存在回路的有效方法，能较好地处理题干中的问题。

【答案】C

21. 一个项目非常复杂，需要几百张图纸。将图纸的张数与每张图纸所需的时间相乘，得到设计该项目总的时间。这属于（　　）估计类型。

A. 以数量为基础的　　　　B. 专家评定

C. 类比法　　　　D. 参数法

【解析】基于数量的活动历时估计方法，即取每个工作类型中由工程/设计定义的数量（如图纸的数量、电缆的长度、钢的吨数等）乘以生产速度（如每张图纸需要的小时数、每小时生产电缆的长度等）。

【答案】A

22. 一个项目的进度被几次修改，在有的情况下，项目的滞后现象非常严重。为保证绩效测量信息的准确，该项目相关人员应该做的是（　　）。

A. 颁布一个新进度　　　　B. 重新制定基准进度

C. 准备一个主进度　　　　D. 申请变更

【解析】在一些情况下，进度滞后可能会很严重，以至于为了使绩效测量准确必须重新制定基准。这类情况表明综合进度控制在综合项目变更控制系统中的重要性。

【答案】B

23. 能处理 PERT 和 CPM 计算的项目管理软件包有助于项目的实施，PERT 与 CPM 最主要的区别是（　　）。

A. PERT 只应用一个最可能的估计来计算进度

B. PERT 应用分布的均值（期望值）来计算进度

C. CPM 应用分布的均值（期望值）来计算进度

D. CPM 更注重计划中的时间问题

【解析】CPM 与 PERT 两种方法的主要区别是：①CPM 方法对工程中各工序完工时间的估计是确定的，而 PERT 方法对时间估计是概率性的。②PERT 方法主要注重工程计划中的时间问题，而 CPM 方法在把费用概念引入计划控制过程中，不仅注重时间问题，而且考虑工程的费用和成本问题，考虑工程时间的均衡问题。

【答案】B

24. 有助于组织采纳和调整 ITIL 的指导方针的是（　　）。

A. 服务价值管理的四个维度

B. 指导原则

C. 服务价值链

D. 实践

【解析】指导原则可指导组织工作，并根据自身特定需求与情况来处理。

【答案】B

25. 为用户提供单一联系点的实践是（　　）。

A. 事件管理　　B. 变更实施

C. 服务台　　D. 服务请求管理

【解析】服务台实践的目的在于了解事件解决方案和服务请求方面的需求。还应作为服务提供方与所有用户之间的切入点和单一联系点。

【答案】C

26. 负责将组件移至生产环境的实践是（　　）。

A. 变更实施　　B. 发布管理

C. IT 资产管理　　D. 部署管理

【解析】部署管理实践的目的在于将新的或变更的硬件、软件、文档、流程或其他服务组件移至生产环境中。

【答案】D

27. 描述了治理的 ITIL 概念是（　　）。

A. 七项指导原则　　B. 服务管理的四个方面

C. 服务价值链　　D. 服务价值系统

【解析】服务价值体系的组成部分包括“指导原则”“治理”“服务价值链”“实践”“持续改进”。

【答案】D

28. 用户通常不提供反馈，因为他们不相信反馈会得到解决。在这种情况下，鼓励用户提交反馈的最佳方法是（　　）。

A. 使反馈处理对每个人都可见

B. 向客户提供用户反馈信息

C. 定期与用户进行面对面反馈

D. 自动响应所有用户的反馈

【解析】鼓励用户提交反馈的最佳方法是反馈处理对每个人都可见。

【答案】A

29. 项目管理的核心任务是（　　）。

A. 目标管理　　B. 目标规划

C. 目标控制　　D. 目标比较

【解析】按项目管理学的基本理论，项目管理的核心任务是目标控制。目标控制系统包括质量控制、工期控制和成本控制。

【答案】C

30. 一个项目经理被分配到一个高优先度的新项目，该项目只有5个可用资源，完成项目的资源可用时间不足所需时间的一半，结束日期不可更改。此时，这个项目经理应当做的工作是（　　）。

A. 协调团队成员安排必要的加班，以便完成工作

B. 给团队提供良好的工作环境

C. 通过删除在限定时间内不能完成的工作来压缩工作范围

D. 使用更有经验的资源，更快地完成工作

【解析】在工期和资源限定的情况下，通过压缩工作范围，优先完成能够按时完成的。

【答案】C

31. 主要用于检测软件的功能、性能和其他特性是否与用户要求的一致的测试是（　　）。

A. 单元测试　　B. 集成测试

C. 确认测试　　D. 系统测试

【解析】确认测试又称有效性测试。是在模拟的环境下，运用黑盒测试的方法，验证软件的功能和性能及其他特性是否与用户的要求一致。

【答案】C

32. 某项目组下设，硬件研发部、软件开发部、系统推广部、信息安全部等部门，当执行项目遇到硬件问题时，参与项目的成员首先向本部门的领导反馈，再由本部门领导向硬件研发部领导沟通，该组织类型结构的缺点是（　　）。

A. 组织横向之间的联系薄弱，部门间协调难度大

B. 管理成本高，多头领导，难以检测和控制

C. 项目环境比较封闭，不利于沟通和技术知识等共享

D. 员工缺乏事业上的进取心

【解析】职能型组织结构按照职能来组织部门分工，以工作方法和技能作为部门划分的依据。这种组织结构的缺点是：各部门职能导向割裂，各部门之间协调性差。

【答案】A

33. 项目启动阶段主要成果是（　　）。

A. 获得足够的项目启动资金

B. 制订项目实施计划

C. 成立项目小组，确定项目经理

D. 完成项目招投标任务

【解析】项目启动阶段需要首先成立项目小组、确定项目经理，这也是项目启动的标志。

【答案】C

34. 下列项目管理过程中，最耗费资金及时间的是（　　）。

A. 启动阶段　　B. 计划阶段

C. 执行阶段　　D. 收尾阶段

【解析】项目执行阶段是完成项目管理计划中的工作，实现项目目标的阶段。一般来说，项目执行阶段需要消耗最多的资金和时间。

【答案】C

35. 项目经理依据当前技术发展趋势和所掌握的技术能否支撑该项目的开发，进行可行性研究。此种可行性研究属于（　　）。

A. 经济可行性分析

B. 运行环境可行性分析

C. 监督和控制可行性分析

D. 技术可行性分析

【解析】对于技术发展趋势和掌握技术的分析就是技术可行性分析。

【答案】D

36. 项目质量管理包括制订质量管理计划、质量保证、质量控制，其中质量控制一般在项目管理的执行过程是（　　）。

A. 启动过程　　B. 执行过程

C. 监督和控制过程　　D. 收尾过程

【解析】质量控制是属于监控过程的职责。监督和控制过程要求定期测量和监控项目绩效情况，识别和项目管理计划的偏差，以便在必要时采取纠正措施，确保项目或阶段目标达成。

【答案】C

37. 根据《中华人民共和国招标投标法》规定，招标人和中标人应当自中标通知书发出之日起（　　）日内，按照招标文件和中标人的投标文件订立书面合同。

A. 30　　B. 20

C. 15　　D. 10

【解析】招标人和中标人应当自中标通知书发出之日起 30 日内，按照招标文件和中标人的投标文件订立书面合同。招标文件要求中标人提交履约保证金或者其他形式履约担保的，中标人应当提交；拒绝提交的，视为放弃中标项目。

【答案】A

38. 以下不属于项目经理的岗位职责的是（　　）。

A. 为严格控制项目成本，可不全面执行所在单位的技术规范标准

B. 对项目的全生命周期进行有效控制，确保项目质量和工期

C. 在工作中主动采用项目管理理念和方法

D. 以合作和职业化方式与团队和项目干系人打交道

【解析】控制成本不意味着不要执行单位的技术规范标准。

【答案】A

39. 在项目执行期间，项目经理了解到项目规划可能发生变化，并且增加的报告要求可能会影响项目。下列选项中，项目经理应该更新的内容是（　　）。

A. 项目风险登记册　　B. 问题日志

C. 变更日志　　D. 项目管理计划

【解析】项目风险登记册是一种工具，项目经理利用它来追踪和监控可能对项目产生影响的各种风险。“可能发生”“可能会影响”表明是过程中新识别的风险，因此应当更新项目风险登记册。

【答案】A

40. 一个需要五次迭代的敏捷项目，在第三次冲刺阶段，一位开发人员要休假四周，没有可替代的人力资源。此时项目经理应该做的是（　　）。

A. 通知客户进度会延期

B. 请求项目发起人增加资源

C. 分析影响，并评估进度，告知客户可能带来的影响

D. 让资源经理要求开发人员竭尽全力完成任务

【解析】遇到问题应该先分析带来的影响再制定应对措施。敏捷项目出现人力资源风险后，也应该分析风险的影响，并制定和执行应对策略。

【答案】C

41. 组织结构的调整造成项目的多位关键干系人由新的干系人代替，新的干系人提出了多项新需求。下列措施中，能够帮助项目经理确保项目按时交付的是（　　）。

A. 向新的干系人解释，项目目前所处阶段不允许提出新需求

B. 想办法争取到修改项目期限和预算的审批，以完成所有新需求

C. 向发起人上报新需求，寻求发起人的支持，维持原有需求

D. 与各干系人共同审查新需求，并确定其优先级，以确定执行哪些变更请求

【解析】为确保项目按时交付，在固定的时间内完成适量的工作，需要确定变更需求的优先级，对变更需求进行排序。

【答案】D

42. 项目经理刚刚开始领导一个项目团队（前任项目经理已辞职）。对该项目评估之后发现，由于团队成员对如何完成任务一直持不同意见，导致团队士气明显低落，

任务耗费的时间长于预测，项目已偏离进度计划。此时项目经理首先应该做的是（　　）。

A. 告知干系人（相关方）由于先前团队管理方面的原因，项目将会发生延误

B. 与项目团队开会讨论并解决发生争执的起因

C. 提交变更请求，以便根据所识别的延误情况延长项目进度计划

D. 压缩项目时间表，确保项目重新符合进度计划

【解析】团队出现问题，项目经理要做的事情首先是分析问题、找到根本原因，再解决问题。

【答案】B

43. 项目可交付成果已经完成，但由于成果不及预想，主要项目相关方不愿接受这些可交付成果。此时项目经理应该做的是（　　）。

A. 确保主要项目相关方的要求均得到满足

B. 与主要项目相关方确认项目范围和可交付成果的验收标准

C. 继续开展项目收尾工作

D. 评估项目所受影响，并相应地激活变更请求过程

【解析】不愿接受成果是相关方的主观意见，能否交付看验收标准。此时项目经理应当和相关方去沟通确认，明确项目范围和可交付成果的验收标准。

【答案】B

44. 项目经理在一个项目中途辞职了。项目发起人将项目职权转移给新项目经理应该使用的文件是（　　）。

A. 项目管理计划　　B. 商业论证

C. 项目章程　　D. 项目范围说明书

【解析】项目章程是项目发起人对项目经理的正式授权。

【答案】C

45. 一个组织决定将它的一些测试活动移到软件开发生命周期的早期阶段。应用的概念是（　　）。

A. 左移　　B. 机器人过程自动化

C. 服务集成与管理　　D. 集成和数据共享

【解析】测试左移的原则是测试活动在软件开发周期早期的各个阶段都开展进行，以保障各个阶段的活动都是“安全可靠”的。

【答案】A

46. 针对内部客户收取服务费的潜在好处是（　　）。

A. 减少了将服务纳入服务目录的需要

B. 更有效地利用服务资源

C. 使服务提供商的利润最大化

D. 减少了对服务的需求

【解析】收费直接的好处是提高现有服务资源的有效利用，降低一些不必要或不合理的客户需求。

【答案】B

47. 一个小型的、高度活跃的 IT 部门在管理项目工作的同时，存在对客户响应不及时和交付的成果不符合用户要求的问题，导致没有达成客户的承诺，客户经常打电话来查看工作请求的状态。优化 IT 部门工作流程的最佳方法是（　　）。

A. 开发一个建立项目管理办公室的商业论证

B. 建立清晰的组织优先级来指导 IT 人员的行动

C. 实现一个精益看板，使工作可见

D. 赋予 IT 员工更多决策权力

【解析】精益看板作为一种管理工具，通过将工作流程、任务状态等信息清晰地展示出来，使团队成员能够一目了然地了解工作状况，这种可视化工具不仅提高了工作的透明度，还优化了工作流程，确保了持续的价值交付。

【答案】C

48. 以下关于初步可行性分析的说法中，错误的是（　　）。

A. 初步可行性研究一般是在对市场或者客户情况进行调查后，对项目进行的初步评估

B. 经过初步可行性研究，可以形成初步可行性研究报告，该报告比详细可行性研究报告粗略，但是对项目已经有了初步的描述分析和论证

C. 初步可行性研究的结果及研究的主要内容，基本与详细可行性研究相同；不同的是占有的资源、研究细节方面有较大差异

D. 初步可行性分析是必不可少的

【解析】对于一些项目，可直接进行详细可行性研究，对于一些比较复杂、规模较大或技术要求高的项目，通常需要进行初步可行性研究。

【答案】D

49. 网络安全工程师正在定义保护防火墙所需的控制，为了确保正确的控制，应该做的第一件事是（　　）。

A. 审查现有的防火墙规则和控制，以确保没有恶化

B. 检查风险记录，确保所有的风险都得到了控制

C. 联系防火墙供应商以识别该技术的常用技术

D. 确定控制需要支持的组织目标

【解析】技术的控制是为满足组织业务目标的达成而服务的。

【答案】D

50. 服务提供商鼓励用户建立用户社区。下列选项中属于其潜在利益的是（　　）。

A. 减少对服务提供商支持的需求

B. 创建可用于提供服务的组

C. 改进服务提供商组织内部的协作

D. 减少用户组织之间的协作

【解析】建立用户社区最直接的好处是，同行之间知识、文章的分享、讨论等有助于减少对服务提供商支持的需求。

【答案】A

51. 关于项目管理特点的描述，不正确的是（　　）。

A. 项目管理具有创造性，由于项目具有一次性的特点，因而项目管理既要承担风险又要发挥创造性

B. 项目管理负责人除具备技术知识和专业知识外，还需要相关的人际关系软技能，帮助其达成项目的目标

C. 项目团队应当将项目置于所处的文化、社会、国际、政治和自然的环境中加以考虑

D. 项目管理作为一种管理方法体系，具有普适性，在不同国家、不同行业、项目管理不同发展阶段，在结构、内容、方法上是相同的

【解析】项目管理作为一种管理方法体系，具有一定的普遍性和通用性，但其结构、内容和方法并非在所有情况下都完全相同。不同国家、不同行业以及项目管理的不同发展阶段，都可能对项目管理的结构、内容和方法产生影响。

【答案】D

52. 下列选项中，不属于 IT 审计目标的是（　　）。

A. 对 IT 目标的实现进行审查和评价

B. 识别与评估 IT 风险

C. 保护信息资产的安全

D. 提出评价意见及改进

【解析】IT 审计的目的是通过开展 IT 审计工作，了解组织 IT 系统与 IT 活动的总体状况，对组织是否实现 IT 目标进行审查和评价，充分识别与评估相关 IT 风险，提出评价意见及改进建议，促进组织实现 IT 目标。

【答案】C

二、多项选择题

1. 下列阶段属于ITIL V3关注的生命周期的有（　　）。

A. 服务战略阶段

B. 服务设计阶段

C. 服务转换阶段

D. 服务运营阶段、持续服务改进阶段

【解析】ITIL V3关注的是整个服务生命周期，包括服务战略阶段、服务设计阶段、服务转换阶段、服务运营阶段、持续服务改进阶段。

【答案】ABCD

2. 问题管理的阶段分别指（　　）。

A. 问题记录　　B. 问题识别

C. 问题控制　　D. 错误控制

【解析】问题管理的三个阶段分别是问题识别、问题控制、错误控制。

【答案】BCD

3. 下列关于服务请求管理实践表述正确的有（　　）。

A. 服务请求是一般服务交付的一部分

B. 投诉可作为服务请求来处理

C. 服务请求源自服务实效

D. 正常变更应作为服务请求来处理

【解析】选项A、B说法正确。服务实效是事件，选项C错误。标准变更才能作为服务请求来处理，选项D错误。

【答案】AB

4. 项目生命周期是一个项目从概念到完成所经过的所有阶段。通用的项目生命周期都可以划分成（　　）。

A. 启动阶段　　B. 准备阶段

C. 执行阶段　　D. 收尾阶段

【解析】项目生命周期是一个项目从概念到完成所经过的所有阶段，通用的项目生命周期都可以划分成启动、准备、执行、收尾四个阶段。

【答案】ABCD

5. 软件项目风险管理包括（　　）。

A. 风险规划　　B. 风险识别

C. 风险评估　　D. 风险应对

【解析】软件项目风险管理包括风险规划、风险识别、风险评估、风险应对和风险监控。

【答案】ABCD

6. 招投标的主要步骤包括（　　）。

A. 招标　　B. 投标

C. 评标　　D. 授标

【解析】招投标主要步骤包括：招标，业主发出要约邀请；投标，投标商发出要约；评标，业主进行要约分析；授标，业主发出承诺；投标商签收授标信，合同成立。

【答案】ABCD

7. 项目正式开始有两个明确的标志，分别是（　　）。

A. 投标商签收授标信，合同成立

B. 任命项目经理、建立项目管理班子

C. 完成项目可行性分析

D. 下达项目许可证书

【解析】项目正式开始有两个明确的标志，一是任命项目经理、建立项目管理班子，二是下达项目许可证书。

【答案】BD

8. 下列属于项目干系人的有（　　）。

A. 项目经理　　B. 项目发起人

C. 客户　　D. 供应商

【解析】项目经理、项目发起人、客户、供应商均为项目干系人。

【答案】ABCD

9. 以下关于结构化开发方法的叙述中，正确的有（　　）。

A. 总的指导思想是自下而上，逐层分解

B. 基本原则是功能的分解与抽象

C. 在处理大规模、特别复杂的项目时，不如面向对象开发方法

D. 特别适合数据解决领域的项目

【解析】总的指导思想是自顶向下，逐层分解。

【答案】BCD

10. 构建 PERT 图需要明确的概念有（　　）。

A. 时间　　B. 事件

C. 活动　　D. 关键路线

【解析】构建 PERT 图需要明确三个概念：事件、活动和关键路线。

【答案】BCD

11. 项目范围管理包括确保项目做且只做所需的全部工作，以成功完成项目的各个过程。上述过程包括（　　）。

A. 规划范围管理　　B. 收集需求

C. 定义范围　　D. 项目识别

【解析】项目范围管理包括确保项目做且只做所需的全部工作，以成功完成项目的各个过程。上述过程包括：规划范围管理、收集需求、定义范围、创建 WBS、范围确认、范围控制。

【答案】ABC

12. 项目质量管理的过程包括（　　）。

A. 规划质量管理　　B. 质量改进

C. 控制质量　　D. 实施质量保证

【解析】质量改进属于质量保证的内容。

【答案】ACD

13. 项目风险管理内容主要包括（　　）。

A. 风险识别

B. 风险量化

C. 风险对策研究

D. 风险对策实施控制

【解析】项目风险管理内容主要包括：①风险识别，即确认有可能会影响项目进展的风险，并记录每个风险所具有的特点；②风险量化，即评估风险和风险之间的相互作用，以便评定项目可能产出结果的范围；③风险对策研究，即确定对机会进行选择及对危险做出应对的步骤；④风险对策实施控制。

【答案】ABCD

14. 合同收尾的主要工作有（　　）。

A. 检查已完成工作　　B. 释放担保

C. 结算合同价款　　D. 总结经验教训

【解析】合同收尾的主要工作包括：①检查已完成工作；②释放担保；③结算合同价款；④总结经验教训。

【答案】ABCD

15. 服务设计包含一系列的流程和职能，其中包括（　　）。

A. 服务组合管理　　B. 服务目录管理

C. 服务级别管理　　D. 容量管理

【解析】服务组合管理属于服务战略的关键流程。

【答案】BCD

16. IT 运营管理监控并改进当前的服务质量和解决已经发生的所有 IT 运营故障，包括两方面功能，即（　　）。

A. IT 运营控制

B. IT 服务战略管理

C. 设施管理

D. IT 服务连续性管理

【解析】IT 运营管理包括两方面功能：IT 运营控制、设施管理。

【答案】AC

17. 戴明环又称 PDCA 环，该循环的主要阶段包括（　　）。

A. 计划　　B. 执行

C. 检查　　D. 处理

【解析】戴明环又称 PDCA 环，该循环的主要阶段为计划—执行—检查—处理。

【答案】ABCD

18. 国家信息化指标构成方案中包含的要素有（　　）。

A. 信息化人才队伍建设

B. 信息化政策法规和标准

C. 国家信息网络建设

D. 信息技术应用

【解析】国家信息化指标构成方案中包含的要素有：信息化人才队伍建设、信息化政策法规和标准、国家信息网络建设、信息技术应用、信息资源开发利用、信息产业发展等。

【答案】ABCD

19. 在进行项目需求管理时，某需求管理的状态描述是“该需求已被分析，估计了对项目余下部分的影响，已用一个明确的产品号分配到相关基线中，软件开发团队已同意该需求”，则这个需求的状态经过的过程包括（　　）。

A. 已建议　　B. 已验证

C. 已实现　　D. 已批准

E. 已删除

【解析】已建议：被有权提出需求的人建议；已批准：软件开发团队已同意该需求；已实现：已实现需求代码的设计、编写和单元测试；已验证：已通过所选的方法验证需求，被认为已完成需求；已删除：从基线中删除该需求。

【答案】AD

20. 建设项目团队过程所使用的技术包括（　　）。

A. 人际关系技能　　B. 基本规则

C. 人事评测工具　　D. 项目人员分派

【解析】建设项目团队的工具与技术包括：人际关系技能、培训、团队建设活动、基本规则、集中办公、认可与奖励、人事评测工具。项目人员分派属于组建项目团队的内容。

【答案】ABC

21. 项目范围基线包括（　　）。

A. 批准的项目范围说明书

B. 项目详细范围说明书

C. 工作分解结构（WBS）

D. 工作分解结构（WBS）字典

【解析】项目范围基线是批准的详细项目范围说明书与对应的工作分解结构（WBS）和工作分解结构字典。

【答案】ACD

22. 某地税务机关通过招标确定某软件公司开发智慧税务应用系统，为了保证整个项目能保质按时地顺利完成并交付使用，在各个阶段，税务机关应提供相应的配合工作，下列说法中正确的有（　　）。

A. 在需求分析阶段，税务机关与软件公司交流沟通确认《需求分析报告》

B. 在项目启动阶段，确定本项目的团队人员及项目负责人

C. 在项目测试阶段，组织技术人员进行测试工作

D. 在项目上线阶段，组织人员对部署好的系统进行验收

【解析】项目准备与启动阶段，需要任命项目经理，对项目进行可行性分析；在需求分析阶段，软件公司要在税务机关提供的原始需求文档的基础上，充分沟通的基础确认产品细节，形成需求说明书等；在软件测试阶段，税务机关可以组织技术人员参与测试工作，明确测试用例和测试方法；在项目上线阶段，税务机关配合软件公司搭建系统环境，部署应用系统，并在生产环境运行，由税务机关验收。

【答案】ABCD

23. 项目经理带领团队编制项目管理计划书，属于编制项目管理计划过程的依据有（　　）。

A. 项目章程　　B. 事业环境因素

C. 组织过程资产　　D. 工作任务分解

E. 测试问题汇总

【解析】编写项目管理计划书的依据有：项目章程、其他过程的输入结果、事业环境因素、组织过程资产。

【答案】ABC

24. 下列选项中，属于衡量客户对 IT 服务感知的方法的有（　　）。

A. 服务可用性报告

B. 服务评审会议的反馈

C. 电话调查

D. 针对服务提供商的员工满意度调查

【解析】服务评审会议反馈和电话调查是了解、衡量客户对服务感知的好方法。

【答案】BC

25. 事件管理通常包含（　　）。

A. 收集事件初始信息的脚本

B. 记录事件的正规程序

C. 事件诊断的详细程序

D. 使用专业知识来处理复杂事件

【解析】事件管理不包括如何诊断、调查和解决事件的详细程序和步骤，这是属于操作手册的范畴。因此，选项 C 不符合题意。

【答案】ABD

26. 下列选项中，属于 IT 服务提供商在提供给用户最终的服务访问之前，确保用户合法使用的可能检查项的有（　　）。

A. 为所有用户执行年度身份检查

B. 当用户联系服务台团队寻求支持时确认用户身份

C. 确保用户接受需要认证的服务培训

D. 必要时执行安全检查以证明用户身份

【解析】IT 服务提供商所需采取的可行性做法包括确保用户接受需要认证的服务培训，以及必要时执行安全检查以证明用户身份。

【答案】CD

27. 下列选项作为服务请求来处理的有（　　）。

A. 服务质量下降

B. 更换磨合

C. 提供笔记本电脑

D. 对支持团队的诉讼

【解析】服务质量下降应当作为应用事件管理来处理，其他的都作为服务请求来处理。因此，选项 A 不符合题意。

【答案】BCD

28. 下列属于实施问题解决方案通常涉及的实践的有（　　）。

A. 持续改进　　B. 服务请求管理

C. 服务级别管理　　D. 变更实施

【解析】在某些情况下，解决方案也可被视为改进机会，可添加至持续改进登记单中，并使用持续改进技术对其进行优先级排序和管理。因此选项 A 正确。问题管理的错误控制环节还包括识别潜在永久解决方案，可能需要为实施解决方案而发起变更请求。因此，选项 D 正确。

【答案】AD

29. 下列情形需要考虑 ITIL 指导原则的有（　　）。

A. 每次计划时

B. 与利益相关者建立关系时

C. 仅在制订与原则相关的计划时

D. 仅在建立与原则相关的特定利益相关者关系时

【解析】ITIL 的指导原则的特征为持久性和通用性，因此，选项 A、B 符合题意。

【答案】AB

30. 以下关于信息系统层次结构的叙述中，正确的有（　　）。

A. 可以纵向分解为多层子系统

B. 纵向的每层子系统又可以横向分为若干子系统

C. 不同企业的层次划分是一样的

D. 层次过多或过少都会带来管理问题

【解析】对不同企业来说，层次划分需要根据实际情况进行。因此，选项 C 不符合题意。

【答案】ABD

31. 下列关于项目管理特点的描述，正确的有（　　）。

A. 项目管理具有创造性，由于项目具有一次性的特点，因而项目管理过程中既要承担风险又要发挥创造性

B. 项目管理负责人除具备技术知识和专业知识外，还需要相关的人际关系软技能，帮助其达成项目的目标

C. 项目团队应当将项目置于所处的文化、社会、国际、政治和自然的环境中加以考虑

D. 项目管理作为一种管理方法体系，具有普适性，在不同国家、不同行业、项目管理不同发展阶段，在结构、内容、方法上是相同的

【解析】每个项目的时间、地点、内部和外部环境、自然和社会条件均有别于其他项目，项目管理需因地制宜、因情施策。因此，选项 D 不符合题意。

【答案】ABC

32. 下列关于项目组织结构的描述，正确的有（　　）。

A. 职能型组织通常按照员工的专业进行分组，职能型组织内仍然可以有项目存在，但项目的范围通常会限制在职能部门内

B. 项目型组织通常会将绝大部分组织资源直接配置到项目工作中，项目经理拥有相当大的独立性和权限

C. 强矩阵模式的组织结构中，项目经理充当协调者角色，员工全职参与项目的比例较小

D. 项目管理办公室可以存在于任何组织结构中，尤其在矩阵型结构和项目型结构的组织中设立项目管理办公室具有明显优势

【解析】在强矩阵模式的组织结构中，项目经理充当协调者角色，但员工全职参与项目的比例是相对较大的。

【答案】ABD

33. 在依法必须进行招标的项目中，下列关于公开招标与投标工作的描述正确的有（　　）。

A. 开标前，招标机构需向评标专家介绍即将参与的评标项目内容及招标人和投标人的情况

B. 评标委员会由具有高级职称或同等专业水平的相关专家、招标人与招标机构代表等 5 人以上单位组成，其中技术、经济等方面专家人数不得少于总人数的 2/3

C. 评标委员会名单在评标结果公示前必须保密

D. 投递投标书最好是直接送达或委托代理人送达，以便获得招标机构已收到投标书的回执

【解析】开标前，不得向评标专家透露即将参与的评价项目及招标人和投标人有关情况，防止违规发生的可能性。因此，选项 A 不符合题意。

【答案】BCD

34. 下列关于信息系统项目开发可行性研究的描述，正确的有（　　）。

A. 信息系统项目开发的可行性包含可能性、效益性、必要性和创新性四个方面，四者相辅相成，缺一不可

B. 信息系统项目可行性研究从技术、经济、社会和人员方面进行调查研究

C. 技术可行性分析考虑项目开发的风险、人力资源的有效性、技术能力的可能性、物资的可用性

D. 经济可行性分析考虑项目的投资收益和项目的社会收益

【解析】信息系统项目开发的可行性包含可能性、效益性和必要性三个方面，三者相辅相成，缺一不可，不包括创新性。因此，选项 A 不符合题意。

【答案】BCD

35. 下列关于项目论证、项目评估目的和作用的描述，正确的有（　　）。

A. 项目论证应围绕市场需求、开发技术、财务经济三个方面开展

B. 项目论证的作用是审查可行性研究的可靠性、真实性和客观性

C. 项目论证需要从多种可供实施的方案中进行分析、选优

D. 项目评估是在可行性研究基础上，由第三方对项目开展的评价活动

【解析】项目论证是一个综合分析和全面科学论证的技术研究活动，论证过程应该全面考虑市场需求、开发技术、财务经济三个方面，通常在项目论证过程中提出多个方案，选出最优方案。项目评估是在项目可行性研究报告编制完成后，由独立的第三方机构或专家对项目进行全面的审查和评价。项目评估的作用是审查可行性研究的可靠性、真实性和客观性。

【答案】ACD

36. 下列关于项目经理相关能力的描述，正确的有（　　）。

A. 项目管理、战略和商务、领导力是项目经理需要关注的技能

B. 人际交往占据项目经理的绝大部分工作内容

C. 领导力关注近期目标，关注可操作性的问题和问题的解决

D. 战略和商务技能有助于项目经理了解与项目相关的商业因素

【解析】领导力关注长期愿景，管理关注近期目标，关注可操作性的问题和问题的解决。因此，选项 C 不符合题意。

【答案】ABD

37. 下列关于项目管理原则中“驾驭复杂性原则”的描述，不正确的有（　　）。

A. 复杂性可能在项目生命周期的任何时间出现

B. 影响价值、沟通、技术、风险的因素都可能造成复杂性

C. 项目团队能够实时预测未来复杂性的出现并分析原因

D. 复杂性是由系统交互、不确定性和模糊性等造成的

【解析】复杂性可能在项目生命周期的任何时间出现，不能实时预测；在识别复杂性时，项目团队需要保持警惕，应用各种方法来降低复杂性的数量及其对项目的影响。因此，选项 C 不符合题意。

【答案】ABD

38. 下列选项中可以作为项目评估依据的有（　　）。

A. 建议书及其批准文件

B. 可行性研究报告

C. 协议文件

D. 项目章程

【解析】项目评估的依据主要包括：项目建议书及其批准文件、项目可行性研究报告、报送组织的申请报告及主管部门的初审意见、项目关键建设条件和工程等的协议文件，以及必需的其他文件和资料等。因此，选项 D 不符合题意。

【答案】ABC

39. 下列关于项目价值的描述，正确的有（　　）。

A. 项目存在于组织中，为干系人创造价值

B. 价值以过程为导向并定量定义，以获得预期的经济收益为目标

C. 项目可通过提高效率、生产力、效果或响应能力来创造价值

D. 价值是项目成功的最终指标，可创造满足需要的新产品、服务或结果

【解析】价值可以在整个项目进行期间、项目结束或完成后实现，以成果为导向，可以从定性或定量的角度进行定义和衡量。因此，选项 B 不符合题意。

【答案】ACD

40. 下列关于项目管理中成本估算的描述，不正确的有（　　）。

A. 只能用货币单位进行成本估算，不能用人天数或人时数为计量单位

B. 通货膨胀补贴、融资成本不应纳入成本估算

C. 参数估算可以针对整个项目，也可针对项目中的某个部分

D. 应急储备用于应对项目中不可预知的风险

【解析】在项目管理中，通常使用货币单位进行成本估算，有时也可采用其他计算单位，如人时数和人天数，以消除通货膨胀的影响，便于成本比较；成本估算，应考虑针对项目收费的全部资源；应急储备是包含在成本基准内的一部分预算，用来应对已经接受的识别风险，以及已经指定应急或减轻措施的已识别风险。因此，选项 C 不符合题意。

【答案】ABD

41. 建立 IT 治理机制时，需要遵守的原则包括（　　）。

A. 透明　　B. 简单

C. 适合　　D. 公平

【解析】IT 治理机制的原则包括：简单，机制应明确地定义个人和团体所承担的责任和目标；透明，有效的机制依赖于正式的程序；适合，机制鼓励那些处于最佳位置的个人去制定特定的决策。

【答案】ABC

三、判断题

1. 工作人员为电子商务项目确定所需的资源，包括人员、设备和材料，还要决定所有资源的质量要求以及何时需要资源实施项目活动。这个过程需要对不同的规划流程进行协调。通过工作分解结构 WBS，有关的项目规划流程能够在资源规划中加以利用。（　　）

【解析】检查表用于保证在质量控制过程中一系列必要的步骤得到执行。

【答案】错误

2. 服务台员工需要具备最重要的技能是事件分析技能。 （ ）

【解析】服务台的定位是快速理解和确认用户需求，因此事件分析技能是服务台员工需要具备的最重要的技能。

【答案】正确

3. 服务价值链输入是整体计划。 （ ）

【解析】服务价值链的输入是需求。

【答案】错误

4. 某公司产品销量不佳，便成立了一个项目团队来确定问题出在什么地方并提出建议和解决方案。为帮助确定产生这一问题的因素，该项目团队采用因果图技术。 （ ）

【解析】因果图，也叫依西卡娃图或鱼骨图，描述了多种不同的原因或子原因相互作用而产生的潜在问题。

【答案】正确

5. 被要求激励他人采用支持组织目标所需的新工作方式的个人，需要技术专家所具备的能力特质。 （ ）

【解析】ITIL 4 强调服务型领导和领导力，领导力的一个特质就是采用必要的激励手段来激发员工的创新能力。

【答案】错误

6. 项目经理的资格要求中最重要的是管理经验。 （ ）

【解析】项目经理的资格要求中最重要的是与他人有效合作的能力。项目管理要求那些通常不直接向项目经理负责的人完成工作。项目经理影响项目小组成员和其他有关各方面的能力对于项目的成功至关重要。

【答案】错误

7. 合同的收尾阶段涉及产品验收和管理收尾。 （ ）

【解析】产品验收包括保证所有合同要求的项目都按照合同规定交付客户。管理收尾包括档案记录的整理和付款以及经验的收集等。

【答案】正确

8. 德尔菲技术是特别有用的方法，用于确定风险以便用图形的方式为决策者提供一系列决策选择。 （ ）

【解析】德尔菲技术用于减少分析的偏见并避免任何一个人对结果有不当影响。德尔菲技术提供了应用专家小组来解决某一问题的方法。项目风险专家以匿名的形式参加。每一组成员回答一组问题。然后对这些回答以及意见和判断进行评估，统计结果反馈到每个成员。这个过程一直持续到团队的回答收敛于一个解决方案。

【答案】错误

9. 服务生命周期中运营阶段的目标是在服务生命周期中，决定 IT 如何与供应商合作。（ ）

【解析】服务生命周期中运营阶段的目标是为业务用户和客户交付及管理议定级别的 IT 服务。服务运营的目的是按照同客户签订的服务级别协议，对终端用户实施服务，并且能够有效地管理相关应用、技术和基础设施，确保高效地完成日常服务支持的方案，从而保证客户和服务提供者双方的根本利益。

【答案】错误

10. 服务生命周期的服务战略阶段更加关注定义政策和目标。（ ）

【解析】企业的战略管理是指确定企业使命，根据企业外部环境和内部条件认定企业组织目标，保证目标的正确落实并使企业使命最终得以实现的一个动态的过程管理。

【答案】正确

11. 服务级别管理过程的目标是以最低的成本为顾客提供高质量的服务。（ ）

【解析】服务级别管理过程的目标是确保顾客所需的 IT 服务得到持续的维护和改进，服务级别管理需要创建服务改进计划，不间断跟踪和改进服务级别。

【答案】错误

12. 事态管理、事件管理、故障管理、请求履行和访问管理是服务生命周期的服务运营阶段中的流程。（ ）

【解析】服务运营包含一系列的流程和职能模块，其中流程包括事态管理、事件管理、故障管理、请求履行、访问管理和问题管理等。

【答案】正确

13. 告警、被动、主动是 ITIL 服务运营卷中所描述的事件的类别。（ ）

【解析】事件的定义是任何可被检测或者辨别的，配置项有意义的状态改变，可能会对 IT 基础设施及其支持的 IT 服务有重大影响。事件可以分为信息、告警或异常。

【答案】错误

14. 在 ITIL 生命周期服务设计阶段，可以找到服务目录管理、信息安全管理和供应商管理的详细介绍。（ ）

【解析】服务设计包含一系列的流程和职能，其中包括服务目录管理、服务级别管理、容量管理、可用性管理、IT 服务连续性管理、信息安全管理、供应商管理和设计协调。

【答案】正确

15. 事件的最佳定义是对一项 IT 服务非计划的中断或者一项服务质量的降低。（ ）

【解析】事件的定义是任何可被检测或者辨别的，配置项有意义的状态改变，可能会对 IT 基础设施及其支持的 IT 服务有重大影响。

【答案】错误

16. 请求履行流程负责提供和支持所请求的标准服务的部件。（　　）

【解析】服务请求是用户向 IT 部门提出的各种需求的通用描述，包括 IT 相关信息的获取、访问权限申请或标准变更的请求等，请求履行流程负责管理服务请求的整个生命周期。

【答案】正确

17. 性能管理流程负责监控 IT 服务，并检测何时性能降到了可接受的界限之下。（　　）

【解析】事件管理流程负责监控 IT 服务。事件的定义是任何可被检测或者辨别的，配置项有意义的状态改变，可能会对 IT 基础设施及其支持的 IT 服务有重大影响。事件可以分为信息、告警或异常。事件可以是一般的正常信息，也可以是一个监控的告警。事件管理提供对事件全生命周期的管理。

【答案】错误

18. 服务生命周期的服务设计阶段中的设计流程用来定义运维新服务的流程。（　　）

【解析】服务设计也称服务设计包的设计，它是为了满足商业需要而设计新的服务或者为当前服务增加新的功能，并把增加的服务或功能引入生产环境。

【答案】正确

19. 项目评估由项目建设单位实施，目的是审查项目的可靠性、真实性和客观性，为银行的贷款决策或行政职能部门的审批提供决策依据。（　　）

【解析】项目评估由第三方单位实施。

【答案】错误

20. ITIL 的根本目的是建立一种有效的途径，在提高 IT 服务质量的同时为企业和客户创造更多的商业价值，而 ITIL 本身是实现商业价值的手段。（　　）

【解析】ITIL 主要适用于 IT 服务管理（ITSM），ITIL 为企业的 IT 服务管理实践提供了一个客观、严谨、可量化的标准和规范。

【答案】错误

21. 实施质量保证是通过执行产品检查并发现缺陷来实现的。（　　）

【解析】质量控制是通过执行产品检查并发现缺陷来实现的。

【答案】错误

22. ITIL V3 是独立的，而 ITIL 4 是顺应时代的发展与当前流行的敏捷和 DevOps 集成发展而来的。（　　）

【解析】DevOps 实现对 ITIL 4 的部署管理、服务验证、测试实践更全面的自动化。

【答案】正确

23. 在风险识别时，可以用到多种工具和技术。其中头脑风暴法指的是从项目的优势、劣势、机会和威胁出发，对项目进行考察，从而更全面地考虑风险。（　　）

【解析】SWOT 分析：对项目内部的情况进行优势和劣势分析，对项目外部情况进行机会和威胁分析，以便更全面地识别项目风险。

【答案】错误

24. 在组织级项目管理中，要求项目组合、项目集、项目三者都要与组织文化保持一致。（　　）

【解析】在组织级项目管理中，要求项目组合、项目集、项目三者都要与组织战略保持一致。

【答案】错误

25. 戴明环也叫 PDCA 循环。戴明环诠释了全面质量管理活动的全过程所应遵循的科学程序。（　　）

【解析】戴明环的四个主要阶段是“计划、执行、检查、处理”，之后还有巩固阶段。

【答案】正确

26. 项目章程与合同内容是一致的，要由项目经理进行发布。（　　）

【解析】项目章程的主要作用包括正式宣布项目存在，确认项目开始实施，确保项目成功实现目标，规定项目范围，正式任命项目经理，授权其使用资源开展项目。

【答案】错误

27. 项目生命周期是一个项目从概念到完成所经过的所有阶段。通用的项目生命周期都可以划分为启动、准备、执行、收尾四个阶段。（　　）

【解析】略。

【答案】正确

28. 用户在开发环境下的测试是配置项测试。（　　）

【解析】Alpha 测试是由一个用户在开发环境下进行的测试，也可以是公司内部的用户在模拟实际操作环境下进行的测试。

【答案】错误

29. 在项目管理中，运用“注重价值”的指导思想，首先要做的是确定参与服务的所有供应商和合作伙伴。（　　）

【解析】关注价值的第一步是了解服务对象，首先必须确定消费者是谁。

【答案】错误

30. 客户 A 因服务器无法启动，向服务台提出服务请求。按照 IT 服务管理流程，服务台应向问题经理提出服务指令。（　　）

【解析】服务台应向事件经理提出服务指令。事件管理是首先被启动的阶段，负责记录、归类和安排人员处理事件并监督整个处理直至事件得到解决和终止。事件经理的职责是响应服务请求，确保问题得到及时处理和解决。

【答案】错误

31. 项目团队成员更新了项目任务状态，发现项目落后于进度，项目经理使用PERT来评估状态更新对原始基准的影响。（　　）

【解析】工作绩效信息是从控制过程中收集与项目管理计划组成部分、项目文件进行对比分析的绩效数据，如可交付成果的状态、变更请求的落实情况、预测的完工尚需估算等。因此项目经理使用工作绩效信息来评估状态更新对原始基准的影响。计划评审技术（PERT）是一种项目管理规划工具，用于计算实际完成项目所需的时间。

【答案】错误

32. 当用户提出新需求时，项目组应在范围管理计划指导下进行项目范围管理。（　　）

【解析】项目范围管理涉及项目的启动、规划等关键步骤，当用户提出新需求时，项目组需要依据范围管理计划来应对这些变化，确保项目适应新的需求以顺利进行。

【答案】正确

33. 在项目执行阶段，项目经理发现分包商在按照不完整且不一致的范围说明进行工作。此时项目经理应当首先在工作范围未完整之前停顿工作。（　　）

【解析】在此种情况下，项目经理应当立即与分包商沟通，明确和澄清工作范围。如果认为按照当前范围说明工作可能对项目造成不可逆影响，应当明确提出要求分包商暂停工作。因此，项目经理如果首先要求暂停工作，可能会导致项目延误、成本增加以及与分包商之间的关系紧张等，项目经理此时应当首先与分包商等项目干系人达成共识。

【答案】错误

34. 项目团队让干系人填写问卷，从而了解干系人需求情况，这是定义范围的过程。（　　）

【解析】搜集需求是为实现项目目标而定义并统计干系人需求过程。定义范围过程是制定项目和产品详细描述的过程，其主要作用在于明确所收集的需求中哪些将包含在项目范围内，哪些将被排除在项目范围外，从而清晰地界定项目、服务或成果的边界。

【答案】错误

35. 信息系统项目开发的可行性包含可能性、效益性、必要性和创新性四个方面，四者相辅相成，缺一不可。（　　）

【解析】可能性是指技术上是否可行，效益性是指项目预期收益，必要性是指是否符合社会需要，是否有必要开发，创新性是指项目的创新程度，是否引入了新技术或方法。信息系统项目开发的可行性一般包括可能性、效益性和必要性，创新性并非可行性研究的必要方面。

【答案】错误

36. 项目建议书的核心内容包括项目可行性研究认证。（　）

【解析】可行性研究是在项目建议书被批准后，从技术、经济、社会和人员等方面的条件和情况进行调查研究，对可能的技术方案进行论证，以最终确定整个项目是否可行。项目建议书的核心内容包括项目的必要性，项目的市场预测，产品方案或服务的市场预测，项目建设必需的条件，以及项目的建设内容、地点、投资估算、资金筹措方案、经济效益分析等。

【答案】错误

37. 在组建项目团队时，项目经理对团队成员的选择具有直接控制权。（　）

【解析】在组建项目团队过程中，项目经理并不直接控制团队成员的选择。在实际的项目管理中，团队成员的选择通常受到组织机构、人力资源政策等各种因素的影响。项目经理的角色是指导和协调团队成员的工作，以确保项目目标的实现。

【答案】错误

38. 责任分配矩阵用于展示团队成员的职责分配和角色。（　）

【解析】责任分配矩阵是一种展示团队成员的职责分配和角色的工具，清晰地展示了项目工作包与项目团队成员之间的责任和关系。通过使用该矩阵，团队成员可以清楚地了解自己在项目中的角色和职责，从而更好地协作和完成任务。

【答案】正确

39. 收集需求管理过程为规划范围管理过程奠定基础，需要反复开展，贯穿于整个项目生命周期。（　）

【解析】收集需求是为实现目标而确定，记录并管理干系人的需要和需求的过程。本过程的主要作用是为定义产品范围和项目范围奠定基础。本过程仅开展一次或仅在项目的预定义点开展。

【答案】错误

40. 信息系统的输出需要服务于系统输入。（　）

【解析】信息系统的输入与输出类型明确，输入是数据，输出是信息。信息系统的输出服务于信息系统的目标。

【答案】错误

四、案例分析题

1. 某地税务局为开发一款税收辅助业务系统，通过公开招标的方式确定了系统开发商——A 软件公司（以下简称 A 公司），并签订了系统开发合同。A 公司任命小王为项目经理，并组建了项目团队。为了激励项目成员，小陈向公司申请了项目奖金。该系统由税务机关信息部门负责与项目组对接，具体需求由相关业务部门提交给信息部门，后为提高需求确认效率，项目组直接与业务部门对接。公司与税务机关一直没有签订需求确认书。

项目成员包括：软件架构师小赵，开发经验丰富，由于年龄问题此次没有成为项目经理，一肚子怨气；软件工程师小钱，技术能力强，年纪轻，急于表现自己；算法工程师小孙，家境优越，喜欢娱乐；前台设计师小李，尚在试用期，正在进入角色。在系统开发过程中，小钱埋怨小赵系统架构设计不合理；小赵认为小孙的算法效率有待改进；小赵认为小李的页面设计不符合客户要求，导致返工。小王认为有争吵是工作的常态，未予理会。项目团队成员对项目经理逃避矛盾的做法都有怨言，工作效率一直未能提升。开发过程中，业务部门需求发生改变，系统部分功能重新编码。经过延期，系统交付税务机关使用。税务机关认为 A 公司开发延期，属于违约。A 公司认为，变更需求是延期最大的原因。

（1）某地税务局发出招标公告，该公告属于（　　）。（单选）

A. 邀约　　B. 要约邀请

C. 承诺　　D. 诺成

【解析】一般来说，招标公告或者招标通知，属于要约邀请。而投标属于要约，招标人选定中标人，则属于承诺。

【答案】B

（2）项目经理小王在该项目管理中做得恰当的地方是（　　）。（单选）

A. 有激励员工的项目奖金

B. 团队组建完善

C. 采取冷处理团队内部矛盾

D. 开发进度安排合适

【解析】小王对项目组内部矛盾采取了逃避，不可取。

【答案】A

（3）当需求发生变化时，正确的处理方式是（　　）。（单选）

A. 拒绝需求变更

B. 已确认的需求无法改变

C. 与税务机关沟通如何避免需求变更

D. 与税务机关有效沟通，在满足需求的情况下，尽可能减小范围变更

【解析】应当缩小变更范围，尽量利用已有工作基础。

【答案】D

（4）本项目属于失败的案例，失败的原因有（　　）。（多选）

A. 未让系统架构师小赵担任项目经理

B. 缺乏与税务机关的沟通

C. 缺少范围确认

D. 项目经理未得到团队认可

【解析】本项目未进行范围确认，当需求变更时，由于没有范围确认，导致 A 公司返工。该项目团队矛盾未得到解决，导致效率低下。

【答案】CD

（5）项目经理小王下述做法错误的是（　　）。（单选）

A. 为按期交付系统，没有按照税务机关信息部门要求进行代码审计

B. 对项目的全生命周期进行有效控制，确保项目质量和工期

C. 建议公司为小李签订长期合同，建议公司表彰小钱为季度优秀员工

D. 团队出现矛盾时，积极沟通，了解团队成员想法，并解决突出问题

【解析】信息系统建设应遵循同步规划、同步建设、同步使用的要求，应用系统应当经过安全评审后才能上线。

【答案】A

2. 结合本单位实际情况，论述如何开展信息化建设。

【答案】应从以下方面进行阐述：信息化基础设施建设；信息化软件系统建设；信息化组织体系建设；信息化系统安全体系、灾难备份与恢复体系建设；组织的信息化与业务连续性管理意识的培养和强化等。

3. 一家 IT 服务公司为确保继续提供服务以满足客户需求，需要实施服务管理流程，分为服务目录管理、服务级别管理和业务关系管理等三个流程，并为每个流程任命了流程经理，请简要描述三个流程经理的主要职责。

【答案】服务目录经理的主要职责：

（1）整理形成所有服务运营信息的服务目录；

（2）通过将公司内部 IT 服务活动及服务资产与业务流程和最终结果关联，提高内部 IT 部门员工对业务结果的关注度；

（3）明确 IT 部门所提供的每项服务的业务价值，将有限资源放在更有价值的服务上。

服务级别经理的主要职责：

（1）监控并提高业务部门对IT部门所提供服务质量的满意度级别；

（2）提供可靠的沟通渠道，与业务部门和业务代表建立信任关系；

（3）分析任何违规行为的原因，反馈为防止再次发生而采取的措施；

（4）为与服务级别相关的问题提供一致的业务接口，即针对特定服务的相关问题，优先联系服务级别经理；

（5）确保实现所有服务级别协议或服务合同中确立的目标，持续确保提供的服务绩效指标得到度量，并持续改进。

业务关系经理的主要职责：

（1）在了解业务需求的基础上，在业务部门和IT部门之间建立和维护业务关系；

（2）确保IT部门了解客户对IT服务的具体看法，使IT部门更易于合理确定其所提供的服务和服务资产调配的优先级。

4. A公司承接了某企业的智慧云平台的基础设施建设项目，客户方对安全性和系统性能要求较高。为了实现自身业务转型，A公司承诺免费提供一个智慧平台App小程序，并将其写入项目合同中，合同期为6个月。项目经理小张负责App的开发，项目周期4个月，计划年底上线。因合同中没有对App给出明确的功能和性能要求，小张首先借鉴其他项目的开发经验和成功确定了App的主要服务功能，之后开发团队通过走访服务对象和发放调查问卷搜集相关的需求，最终确定了App的功能需求，编制了详细的功能需求说明书，并将业务目标、项目目标、范围、设计、开发、高层级需求、详细需求均纳入需求跟踪矩阵中。7月，项目组与客户共同召开了范围确认会，讨论了项目的文档交付清单、各阶段里程碑及详细的工作进度和人员分工图表，形成会议纪要并双方签字。

后期，项目组审核了范围说明书，提交了项目代码和相关设计文档，12月完成功能测试。在项目验收评审会上，与会外部专家认为该项目涉及个人隐私信息，建议第三方测评机构对该App进行全面的测试。经第三方测评机构测试，发现多项严重的个人信息安全保护问题。经分析，漏洞修复比较困难，全面整改需要投入较大的工作，但预算已超支，经与公司领导和客户反复协商，不得不提出项目变更。

根据以上内容，回答以下问题。

（1）项目范围管理包括确保项目做且只做所需的全部工作，以成功完成项目的各个过程。以上过程不包括（　　）。（单选）

A. 规划范围管理　　B. 范围确认

C. 创建WBS　　D. 分析项目风险

【解析】项目范围管理包括规划范围管理、收集需求、定义范围、创建WBS、范围确认、范围控制。

【答案】D

（2）在7月召开的范围确认会上，遗漏的范围确认工作有（　　）。（多选）

A. 只有项目文档交付物清单，没有可交付成果

B. 没有质量标准和验收标准

C. 没有确认范围风险

D. 只有会议纪要签字，范围说明书没有书面确认

【解析】范围确认应注意的事项包括：可交付成果是否是确定的、可确认的；每个可交付成果是否有明确的里程碑，里程碑是否有明确的、可辨别的事件，例如：客户的书面认可等；是否有明确的质量标准；审核和承诺是否有清晰的表达；项目范围是否覆盖了需要完成的产品或服务进行的所有活动，有没有遗漏或者错误；项目范围的风险是否太高，管理层是否能够降低可预见的风险发生时对项目的冲击。

【答案】ABCD

（3）在上述案例中，需求跟踪矩阵设计过程中缺少策划的有（　　）。（多选）

A. 测试策略　　B. 测试场景

C. WBS 可交付成果　　D. 业务需要

【解析】需求跟踪矩阵通常包括：业务需要、机会、目的和目标，项目目标，项目范围和 WBS 可交付成果，产品设计，产品研发，测试策略和测试场景，高层级需求到详细需求等。

【答案】ABC

（4）在上述案例中，收集需求阶段团队采用的工具和技术有（　　）。（多选）

A. 头脑风暴　　B. 标杆对照

C. 问卷调查　　D. 访谈

【解析】标杆对照是指将实际或者计划的产品、流程和实践与其他可比的组织的做法进行比较，以便识别最佳实践、形成改进意见，并为绩效考核提供依据。上述案例中，借鉴其他项目的开发经验和成功确定了 App 的主要服务功能为标杆对照，走访服务对象和发放调查问卷为访谈和调查问卷。

【答案】BCD

（5）关于范围确认和质量控制，下列说法正确的有（　　）。（多选）

A. 确认范围强调可交付成果获得客户或发起人的接受，质量控制强调可交付成果的正确性并符合质量要求

B. 确认范围一般在阶段末尾，质量控制一般在确认范围前，也可同时进行

C. 质量控制比确认范围的检查程度更加详细

D. 确认范围由外部干系人（客户或发起人）进行，质量控制由内部质量部门实施

【解析】确认范围比质量控制的检查程度更加详细。

【答案】ABD

（6）下列关于项目变更决策机构成员和职责说法不正确的是（　　）。（单选）

A. 变更控制委员会通常包括用户和实施方的决策人员

B. 小项目可以只有一个人（用户），甚至只是兼职人员

C. 变更控制委员会是决策机构，决定项目基准是否变更

D. 变更控制委员会是作业机构，提出变更方案

【解析】变更控制委员会是决策机构，决定项目基准是否变更，不是作业机构，不提出变更方案。

【答案】D

错题、要点整理页

第二章 计算机终端设备

>> 本章知识框架

节	细目	知识点	学习进度
计算机组成	计算机硬件	【知识点 1】计算机硬件结构	
		【知识点 2】常见的计算机部件	
		【知识点 3】CPU 结构	
		【知识点 4】计算机可靠性	
	计算机软件	【知识点 1】系统软件	
		【知识点 2】应用软件	
计算机常见故障诊断与排除	计算机常见故障诊断与排除	【知识点 1】常见计算机故障	
		【知识点 2】计算机故障检测原则	
		【知识点 3】计算机故障的检测方法	
		【知识点 4】计算机不能启动	
终端安全管理	病毒防治	【知识点 1】计算机病毒的概念	
		【知识点 2】中病毒的症状	
		【知识点 3】木马程序	
		【知识点 4】防病毒技术	
	桌面管理	【知识点 1】网络行为监控	
		【知识点 2】内网安全防护措施	
		【知识点 3】税务系统桌面管理	

>> 习题演练

一、单项选择题

1. 打开麒麟软件商店之后发现不能正常安装软件包的原因是（　　）。

A. 没有打开开发者模式

B. 系统问题，需要重装系统

C. 系统没有激活

D. 普通用户没有权限

【解析】系统没有激活会导致软件商店不能正常安装软件包。

【答案】C

2. 以下关于木马程序的叙述中正确的是（　　）。

A. 木马程序主要通过移动磁盘传播

B. 木马程序的客户端运行在攻击者的机器上

C. 木马程序的目的是使计算机或网络无法提供正常的服务

D. 木马程序具有自我复制特性

【解析】木马，是指隐藏在正常程序中的一段具有特殊功能的恶意代码，是具备破坏和删除文件、发送密码、记录键盘和攻击 DOS 等特殊功能的后门程序。木马是计算机黑客用于远程控制计算机的程序，将控制程序寄生于被控制的计算机系统中，里应外合，对被感染木马程序的计算机实施操作。

【答案】B

3. 设计操作系统不需要考虑的问题是（　　）。

A. 计算机系统中硬件资源的管理

B. 计算机系统中软件资源的管理

C. 用户与计算机之间的接口

D. 语言编译器的设计实现

【解析】操作系统是管理、控制和监督计算机软件、硬件资源协调运行的程序系统，由一系列具有不同控制和管理功能的程序组成，它是直接运行在计算机硬件上的、最基本的系统软件，是用户与计算机之间的接口。

【答案】D

4. 下列不属于冯·诺依曼体系计算机组成的是（　　）。

A. 运算器　　B. 存储器

C. 输入设备　　D. 寄存器

【解析】冯·诺依曼体系计算机由运算器、控制器、存储器、输入设备和输出设备五部分组成。

【答案】D

5. 下列不是 CPU 组成部分的是（　　）。

A. 运算器　　B. 存储器

C. 控制器　　D. 寄存器

【解析】中央处理器主要由运算器、控制器和寄存器构成。

【答案】B

6. 下列操作系统不属于国产操作系统的是（　　）。

A. 银河麒麟操作系统　　B. Deepin 操作系统

C. 红旗 Linux　　D. Mac 操作系统

【解析】Mac 操作系统是运行于苹果系列计算机上的，不属于国产操作系统。

【答案】D

7. 采用编译程序直接产生机器语言的目标代码的编程语言是（　　）。

A. BASIC　　B. PHP

C. JavaScript　　D. Pascal

【解析】PHP、BASIC、JavaScript 是采用解释程序，并不形成目标代码。

【答案】D

8. 不属于税务部门常用的中间件的是（　　）。

A. WebLogic　　B. Tomcat

C. RedHat　　D. WebSphere MQ

【解析】RedHat 是一种 Linux 操作系统。

【答案】C

9. 计算机病毒是（　　）。

A. 编写出错的程序　　B. 被损坏的程序

C. 一段特制的程序　　D. 硬件故障

【解析】计算机病毒是编制者在计算机程序中插入的破坏计算机功能或者破坏数据，影响计算机使用并且能够自我复制的一组计算机指令或者程序代码。

【答案】C

10. 任何程序必须加载其中才能被 CPU 执行的计算机部件是（　　）。

A. 磁盘　　B. 硬盘

C. 内存　　D. 外存

【解析】任何程序都需要加载到内存中才能被 CPU 执行。

【答案】C

11. 木马程序和病毒的根本性区别是（　　）。

A. 破坏性　　B. 感染性

C. 隐蔽性　　D. 潜伏性

【解析】木马，是指未经用户同意进行非授权操作的一种恶意程序。它们可能删除硬盘上的数据，使系统瘫痪，盗取用户资料等。木马程序不能独立侵入计算机，而是要依靠黑客来进行传播，它们经常被伪装成“正常”软件进行散播。

【答案】B

12. 在以下所列设备中，属于计算机输入设备的是（　　）。

A. 键盘　　B. 打印机

C. 显示器　　D. 绘图仪

【解析】键盘是输入设备，其他选项为输出设备。

【答案】A

13. 在计算机内部能够直接执行的程序语言是（　　）。

A. 数据库语言　　B. 高级语言

C. 机器语言　　D. 汇编语言

【解析】计算机能够直接执行的语言是机器语言，这种语言全是由二进制 0 和 1 组成，能够被计算机直接执行。

【答案】C

14. 系统软件中的核心部分是（　　）。

A. 数据库管理系统　　B. 操作系统

C. 各种工具软件　　D. 语言处理程序

【解析】操作系统是系统软件的核心部分。

【答案】B

15. 计算机内部用于处理数据和指令的编码是（　　）。

A. 十进制码　　B. 二进制码

C. ASCII 码　　D. 汉字编码

【解析】计算机内部的编码都是 0、1 的二进制编码。

【答案】B

16. 根据软件的功能和特点，计算机软件一般可分为（　　）。

A. 实用软件和管理软件

B. 编辑软件和服务软件

C. 管理软件和网络软件

D. 系统软件和应用软件

【解析】软件系统可分为系统软件和应用软件两大类。

【答案】D

17. 计算机中的应用软件是指（　　）。

A. 所有计算机上都应使用的软件

B. 能被各用户共同使用的软件

C. 专门为某一应用目的而编制的软件

D. 计算机上必须使用的软件

【解析】应用软件和系统软件相对应，是指专门为某一应用目的而编制的软件。

【答案】C

18. 计算机主机的组成是（　　）。

A. 运算器和控制器

B. 中央处理器和内存储器

C. 运算器和外设

D. 运算器和存储器

【解析】主机包含中央处理器和内存储器。

【答案】B

19. 32 位计算机是指它所用的 CPU（　　）。

A. 一次能处理 32 位二进制数

B. 只能处理 32 位二进制定点数

C. 有 32 个寄存器

D. 能处理 32 位十进制数

【解析】32 位计算机的 CPU 一次最多能处理 32 位数据。

【答案】A

20. 计算机在启动的过程中，屏幕上出现提示“Diskette Boot Failure”，其含义是（　　）。

A. 无效的引导磁盘

B. 检测 C 驱动器失败

C. 磁盘引导失败

D. 键盘出错

【解析】“Diskette Boot Failure”表达的意思是磁盘引导失败。

【答案】C

21. 以下选项中，不是操作系统软件的是（　　）。

A. Windows 10　　B. UNIX

C. macOS　　D. WPS

【解析】Windows 系列操作系统是微软开发的桌面操作系统，UNIX 操作系统是多任务、多用户的操作系统，macOS 是苹果公司开发的运行于 Macintosh 系列电脑上的操作系统，WPS 是文档编辑软件。

【答案】D

22. 360 杀毒软件作为一个应用程序，它是加载到（　　）中才能被 CPU 执行。

A. 磁盘　　B. 硬盘

C. 内存　　D. 外存

【解析】计算机中所有程序的运行都是在内存中进行。

【答案】C

23. 安装、连接计算机各种板卡、电源线、信号线、数据线等部件时要在切断电源的前提下进行，操作之前应当先操作的是（　　）。

A. 先释放静电　　B. 触碰针脚

C. 接通电源　　D. 通电预热

【解析】在进行插拔计算机各种板卡、电源线、信号线、数据线等操作时，一定要在切断电源的前提下才能进行。并且在操作之前应将手中的静电放掉。

【答案】A

24. 在税务系统，数据泄密的主要原因是（　　）。

A. 黑客攻击

B. 信息系统使用者安全意识不强以及操作行为不当

C. 系统 BUG

D. 设备故障

【解析】税务系统内外网物理隔离，数据的泄密大多数是因为信息系统使用者安全意识不强以及操作行为不当造成的，如使用即时聊天工具在互联网传输敏感数据，将敏感数据存储到个人 U 盘中等。

【答案】B

25. 下列选项中，关于 64 位和 32 位微处理器，不能以 2 倍关系描述的是（　　）。

A. 通用寄存器的位数

B. 数据总线的宽度

C. 运算速度

D. 能同时进行运算的位数

【解析】计算机系统的运算速度受多种因素的影响，64 位微处理器可同时对 64 位数据进行运算，但不能说其运算速度是 32 位微处理器的 2 倍。

【答案】C

26. 下列选项属于正常情况下，操作系统对保存有大量有用数据的硬盘进行操作时，不会清除有用数据的是（　　）。

A. 磁盘分区和格式化

B. 磁盘格式化和碎片整理

C. 磁盘清理和碎片整理

D. 磁盘分区和磁盘清理

【解析】磁盘清理通过识别和删除电脑硬盘上不再需要的文件和数据释放空间。碎片整理则是利用操作系统的“磁盘碎片整理器”等工具来重新排列、合并和优化硬盘中的文件和数据块，将分散的文件块重新组合成连续的数据块。这两项操作都不会清除有用数据。

【答案】C

27. 某计算机系统由 CPU、存储器、I/O 三部分组成，其可靠度分别为 0.95、0.90 和 0.85，则该计算机的可靠度为（　　）。

A. 0.90　　B. 0.99

C. 0.73　　D. 0.8

【解析】CPU、存储器、I/O 之间构成串联系统，故其可靠度 $=0.95\times0.9\times0.85\approx0.73$。

【答案】C

28. 下列选项中，属于编写汇编语言程序时，寄存器中程序员可访问的是（　　）。

A. 程序计数器（PC）

B. 指令寄存器（IR）

C. 存储器数据寄存器（Memory Data Register，MDR）

D. 存储器地址寄存器（Memory Address Register，MAR）

【解析】程序计数器用于存储指令的地址，CPU 根据该寄存器的指令从内存读取待执行的指令。

【答案】A

29. 位于 CPU 与主存之间的高速缓冲存储器（Cache）用于存放部分主存数据的拷贝，主存地址与 Cache 地址之间的转换工作由（　　）完成。

A. 硬件　　B. 软件

C. 用户　　D. 程序员

【解析】主存地址与 Cache 地址之间的转换工作由 Cache 控制器完成的，Cache 控制器是一个专门设计的硬件模块，负责管理 Cache 的读取、写入和替换操作，以及主存地址与 Cache 地址之间的映射。

【答案】A

30. 相联存储器的访问方式是（　　）。

A. 先入先出访问

B. 按地址访问

C. 按内容访问

D. 先入后出访问

【解析】相联存储器是一种特殊的存储器，是基于数据内容进行访问的存储设备。当对其写入数据时，相联存储器能够根据存储的内容自动选择一个存储单元进行存储；读取数据时，不是给出其存储单元地址，而是给出读取数据或数据的一部分内容。

【答案】C

二、多项选择题

1. 下列属于计算机常见故障的有（　　）。

A. 软件故障　　B. 硬件故障

C. 软件硬故障　　D. 硬件软故障

【解析】计算机常见的故障有三大类，即软件故障、硬件故障和硬件软故障。

【答案】ABD

2. 计算机病毒具有的特征有（　　）。

A. 传播性　　B. 隐蔽性

C. 破坏性　　D. 潜伏性

【解析】计算机病毒具有传播性、隐蔽性、感染性、潜伏性、可继发性、表现性或破坏性等特征。

【答案】ABCD

3. 下列说法中错误的有（　　）。

A. 病毒是一种可以独立存在的恶意程序，只在执行时才会起破坏作用。木马是分成服务端和控制端两部分的程序，只在控制端发出命令后才起破坏作用

B. 病毒是一种可以独立存在的恶意程序，只在传播时才会起破坏作用。木马是分成服务端和控制端两部分的程序，一般只在控制端发出命令后才起破坏作用

C. 病毒是一种可以跨网络运行的恶意程序，只要存在就有破坏作用。木马是驻留在被入侵者计算机上的恶意程序，一旦驻留成功就有破坏作用

D. 病毒是一种可以自我隐藏的恶意程序，木马是不需要自我隐藏的恶意程序

【解析】木马的传播感染指的就是服务器端，入侵者必须通过各种手段把服务器端程序传送给受害者运行，才能达到木马传播的目的。病毒在执行时才会有破坏作用，而木马是要隐藏自己，不被受害者发现。

【答案】BCD

4. 从服务对象的角度，应用软件可分为（　　）。

A. 系统软件　　B. 通用软件

C. 专用软件　　D. 中间件

【解析】应用软件从其服务对象的角度可分为通用软件、专用软件、中间件三类。

【答案】BCD

5. 属于固态硬盘优点的有（　　）。

A. 工作温度范围大　　B. 启动快

C. 无噪声　　D. 容量大

【解析】与机械硬盘相比，固态硬盘容量小，无法满足大存储数据需求。不过，随着技术的进步，大容量固态硬盘的出现也只是时间问题。

【答案】ABC

6. 病毒预防技术包括（　　）。

A. 磁盘引导区保护　　B. 加密可执行程序

C. 读写控制技术　　D. 系统监控技术

【解析】A、B、C、D 四个选项均是计算机病毒预防技术。

【答案】ABCD

7. 按病毒寄生的方式，计算机病毒种类主要有（　　）。

A. 网络病毒　　B. 文件型病毒

C. 引导型病毒　　D. 混合型病毒

【解析】计算机病毒按寄生方式可分为引导型病毒、文件型病毒和混合型病毒。

【答案】BCD

8. 相对于 32 位操作系统，64 位操作系统的优点有（　　）。

A. 可以支持更大的内存分配给系统进程

B. 提高 CPU 寄存器的利用率

C. 系统占用内存较少

D. 处理器可以进行更大范围的整数运算

【解析】如果安装的程序是一样的，64 位的系统占用内存多。

【答案】ABD

9. 一台计算机在自检时发生故障，原因可能有（　　）。

A. BIOS 设置　　B. MBR 出错

C. 操作系统出错　　D. 硬件故障

【解析】MBR 和操作系统出错不会在计算机自检时发生故障。

【答案】AD

10. 关于麒麟桌面操作系统安装，下列说法正确的有（　　）。

A. 分区设置完成后，需要确定分区信息

B. 安装过程根据机器配置不同，时长不同

C. 安装完成后可以直接登录系统

D. 分区设置中可以添加、删除和编辑分区

【解析】麒麟桌面操作系统安装完成后，需要重启才能登录。

【答案】ABD

11. 台式机的性能相较笔记本电脑要强，具体表现在（　　）。

A. 易用性　　B. 散热性

C. 扩展性　　D. 便捷性

【解析】笔记本电脑比台式机更便捷。

【答案】ABC

12. 计算机不能直接识别和处理的语言包括（　　）。

A. 高级语言　　B. 数据库语言

C. 机器语言　　D. 汇编语言

【解析】计算机可以直接识别和处理机器语言。

【答案】ABD

13. 日常使用中应注意的异常情况有（　　）。

A. 计算机发生异常“死机”或“死机”频繁

B. 运行速度突然变慢

C. 无故报告内存不够

D. 鼠标不受控制

【解析】A、B、C、D 四个选项均是计算机日常使用中应注意的异常情况。

【答案】ABCD

14. 日常使用中遇到异常情况后，一般应采取的措施有（　　）。

A. 立即断开计算机与网络的连接

B. 将异常情况报告给信息安全管理人员

C. 信息安全管理人员到场后，确认计算机与网络是否断开，判断计算机是否出现异常情况

D. 指定专人对计算机进行诊断，排除异常情况，恢复计算机正常运行

【解析】A、B、C、D 四个选项均是计算机日常使用中遇到异常情况时应采取的措施。

【答案】ABCD

15. 计算机是能够处理和加工各种电子信息的现代化工具，是一种高度自动化的，能对各种（　　）进行存储和快速运算的电子设备。

A. 文字　　B. 数字

C. 声音　　D. 图像

【解析】计算机是能够处理和加工各种电子信息的现代化工具，是一种高度自动化的，能对各种文字、数字、声音、图像进行存储和快速运算的电子设备。

【答案】ABCD

16. 计算机故障判断流程中“载入操作系统后死机”故障可能是（　　）。

A. 计算机 BIOS 引导故障

B. 安装了与系统冲突的软件

C. 系统文件损坏或丢失

D. 计算机染上病毒

【解析】“载入操作系统后死机”的故障说明计算机已自检完成，进入操作系统，故计算机 BIOS 引导、硬盘启动、计算机配置已完成，因此，可能的故障是系统文件损坏或丢失、计算机染上病毒、存在与操作系统冲突的软件等。

【答案】BCD

17. 造成计算机启动失败的原因有（　　）。

A. BIOS 故障　　B. 内存故障

C. CPU 故障　　D. 硬盘故障

【解析】计算机启动时会进行自检，主要针对电脑或操作系统中重要的存储设备、软硬件、操作系统和用户设置进行一些操作检查。因此，上述四个选项都当选。当 BIOS（基本输入输出系统）、CPU、硬盘、内存等出现故障，都会造成计算机启动失败。

【答案】ABCD

18. 下列关于硬盘的维护正确的有（　　）。

A. 计算机工作时严禁移动或碰撞机器，因为这样有可能使硬盘磁头和盘片发生碰撞，引起硬盘磁头和盘片损伤

B. 不要将硬盘放置在强磁场旁，以免引起数据丢失

C. 经常对硬盘进行低级格式化，会提高硬盘读写速度，增加其寿命

D. 要定期清除磁盘碎片，进行磁盘整理，优化数据结构链

【解析】不要经常对硬盘进行低级格式化，否则会造成读写不可靠，缩短其寿命。高级格式化对硬盘损害小，但也不宜经常进行。

【答案】ABD

19. 所谓计算机硬件检测就是通过对计算机部件的插拔等动作，逐渐查出故障源。下列属于硬件检测应遵循的原则的有（　　）。

A. 先表后里　　B. 先电源后负载

C. 先外设后主机　　　　　　　　D. 先主要后次要

【解析】硬件检测应遵循的原则有：①先表后里；②先电源后负载；③先外设后主机；④先主要后次要。

【答案】ABCD

20. 从计算机的故障统计来看，电源部分的故障占总故障的比例相当高。常见的电源故障有（　　）。

A. 电源有异常声音

B. 电源引起的“死机”现象

C. 计算机启动困难

D. 电源中的灰尘引起计算机“死机”或重新启动

【解析】常见的电源故障有：①电源有异常声音；②电源引起的“死机”现象；③计算机启动困难；④电源风扇不转或转速过慢；⑤电源中的灰尘引起计算机“死机”或重新启动。

【答案】ABCD

21. 下列关于计算机采用分级存储体系的主要目的和解决问题，说法错误的有（　　）。

A. 存储容量不足

B. 存储器读写可靠性

C. 外设访问效率

D. 存储容量、成本和速度之间的矛盾

【解析】计算机系统中，高速缓存一般采用 SRAM，内存一般采用 DRAM，外存一般采用磁盘存储器。SRAM 的集成度低、速度快、成本高。DRAM 的集成度高，但是需要动态刷新。磁存储器速度慢、容量大、价格便宜。因此，不同的存储设备组成分级存储体系，来解决速度、存储容量和成本之间的矛盾。

【答案】ABC

22. CPU 中的控制器是由一些基本的硬件部件构成的。下列属于构成控制器的部件的有（　　）。

A. 时序部件和微操作信号发生器部件

B. 程序计数器

C. 外设接口部件

D. 指令寄存器和指令译码器

【解析】CPU 由运算器和控制器两部分组成。其中，控制器由程序计数器、指令寄存器、指令译码器、状态/条件寄存器、时序产生器部件和微操作信号发生器等几部分组成，而外设接口部件不是控制器的组成部分。

【答案】ABD

23. 计算机运行过程中，CPU 需要与外设进行数据交换。CPU 与外设可并行工作的控制技术有（　　）。

A. 程序查询　　B. 中断方式

C. DMA 方式　　D. 通道方式

【解析】程序查询方式下，CPU 和外设的工作是串行的。通道方式下，通道和 CPU 可以分时使用主存，从而实现 CPU 和输入输出设备的并行工作。中断方式则允许在外设准备好时给 CPU 发送中断信号，这样在外设未发送中断信号之前，CPU 可以执行其他任务。DMA（直接内存访问）方式是一种不经过 CPU 而直接从内存存取数据的数据交换模式。在 DMA 模式下，CPU 只需向 DMA 控制器下达指令，让 DMA 控制器来处理数据的传送。

【答案】BCD

24. 设计操作系统时需要考虑的问题有（　　）。

A. 计算机系统中硬件资源的管理

B. 计算机系统中软件资源的管理

C. 用户与计算机之间的接口

D. 语言编译器的设计实现

【解析】语言编译器的设计实现虽然是一个重要的软件工程项目，但并不属于操作系统设计范畴内需要考虑的问题。

【答案】ABC

三、判断题

1. 编译方式指源程序进入计算机后，解释程序边扫描边解释，逐句输入逐句翻译。（　　）

【解析】源程序进入计算机后，解释程序边扫描边解释，逐句输入逐句翻译的是解释方式。

【答案】错误

2. 蠕虫病毒是一种文件感染型病毒。（　　）

【解析】蠕虫病毒是一种网络型病毒，利用网络进行复制和传播，传染途径是通过网络和电子邮件。

【答案】错误

3. 木马是分成服务端和控制端两部分的程序，将服务器端传送给用户后，才能达到木马传播的目的。（　　）

【解析】略。

【答案】正确

4. 根据计算机病毒的关键字、特征程序段内容、病毒特征及传染方式、文件长度的变化检测病毒的方法属于在特征分类的基础上建立的病毒检测技术。（　）

【解析】略。

【答案】正确

5. 国产化操作系统只能兼容国产化芯片，故国外芯片制造的计算机无法安装国产化操作系统。（　）

【解析】国产化操作系统大多是基于 Linux 二次开发而来的，能兼容不同的芯片，因此使用了国外芯片的计算机也能安装国产化操作性系统。国产化操作系统的短板目前主要集中在软件生态上。

【答案】错误

6. 不同类型的打印机必须安装不同的驱动程序。（　）

【解析】略。

【答案】正确

7. 计算机故障的检测手段有软件检测和硬件检测两种，一般应遵循先进行硬件检测，然后进行软件检测的原则。（　）

【解析】计算机故障检测一般应遵循先进行软件检测，然后进行硬件检测。

【答案】错误

8. CPU 由运算器、控制器、寄存器构成。（　）

【解析】略。

【答案】正确

9. 内存条安装时，不需要注意方向。（　）

【解析】内存是电脑中即插即用元件，为防止插错设置了防呆槽，呆口槽两边针脚数目不同，因此安装时要注意方向。

【答案】错误

10. “计算机”中的每个驱动器对应一块硬盘。（　）

【解析】每个驱动器对应系统硬盘的分区，一块硬盘可以有多个系统分区。

【答案】错误

11. 存储在只读存储器（Red - Only Memory，ROM）中的数据断电后即消失。

（　）

【解析】只读存储器（ROM）只能读出无法写入信息，切断电源后，数据信息也不会丢失；随机存储器（RAM）掉电后不保存内容。

【答案】错误

12. 至今为止，计算机中的所有信息仍以二进制方式表示的理由是因为计算机电子

元件使用正负极记录信息。（　　）

【解析】略。

【答案】正确

13. 采用计算机高级语言编写的程序，其执行速度比用低级语言编写的程序要快。（　　）

【解析】低级语言一般是指汇编语言和机器语言，计算机能够直接识别机器语言，汇编语言针对底层硬件编写，执行速度快、效率高。而高级语言需要通过编译程序转换成低级语言才能够被计算机识别，因此速度要慢些。

【答案】错误

14. 台式机相对于笔记本电脑具有价格低、散热性好、扩展性强等特点。（　　）

【解析】台式机机箱体积更大，具有更低的价格、更好的散热性能、更好的扩展性。

【答案】正确

15. I/O 控制方式有多种，一般用于大型、高效的系统中的是 DMA 方式。

【解析】DMA 方式是微型计算机通常采用的 I/O 控制方式，一般不适用于大型、高效的系统中。（　　）

【答案】错误

16. 在中断响应过程中，CPU 保护程序计数器的主要目的是使 CPU 能找到中断服务程序的入口地址。（　　）

【解析】CPU 保护程序计数器的主要目的是使 CPU 在执行完中断服务程序后，能返回到被中断程序的断点处。

【答案】错误

17. 若某个计算机系统中，内存地址与 I/O 地址统一编址，访问内存单元和 I/O 设备是靠不同的地址代码来区分的。（　　）

【解析】内存地址与 I/O 地址统一编址时，内存地址与 I/O 设备地址都统一在一个公共的地址空间里。这样访问内存和 I/O 设备使用相同的指令，CPU 只能根据地址代码不同来区分是访问外设还是访问内存。

【答案】正确

18. 多处理机由若干台独立的计算机组成，在 Flynn 分类中这种结构属于多指令流多数据流（MIMD）。（　　）

【解析】多处理机可以同时对不同的数据进行不同的处理，指令流和流据流都存在并行，因此属于多指令流多数据流（MIMD）。

【答案】正确

19. 单指令流多数据流（SIMD）计算机由单一控制器、单一运算器和单一存储器

组成。 (　　)

【解析】SIMD通常有多个数据处理部件，它们按照一定方式互联，在同一个控制部件的控制下，对各自的数据完成同一条指令规定的操作。从控制部件看，指令是串行执行的，但从数据处理部件看，数据是并行处理的。因此，SIMD是由单一控制器、多个执行部件和多个存储器组成。

【答案】错误

20. 在存储体系中，虚拟存储器和Cache分别属于主存/外存层次和Cache/主存层次，这两个层次的共同点是都需要硬件来实现。 (　　)

【解析】这两个层次的目的都是提高存储体系的速度，但两者是有区别的：Cache完全由硬件来实现，对程序员是完全透明的，它通过地址映像来实现，不需要地址变换；而虚拟存储器是由软件和硬件来实现的，对系统程序员并不透明，它是通过地址变换来实现的。

【答案】错误

21. 使用Cache改善系统性能的依据是程序的替换算法。 (　　)

【解析】使用Cache改善系统性能的依据是程序的局部性原理。

【答案】错误

22. 由于Cache比主存小得多，需要使用一种机制将主存地址定位到Cache中，即地址映射。这个映射过程由程序员实现。 (　　)

【解析】该映射过程全部由硬件实现，对程序员透明。

【答案】错误

23. 木马程序主要通过移动磁盘传播。 (　　)

【解析】木马程序主要通过邮件附件、程序下载等互联网形式传播。

【答案】错误

24. 在CPU中，常用来为ALU执行算术逻辑运算提供数据并暂存运算结果的寄存器是程序计数器。 (　　)

【解析】通用寄存器组是CPU中的一组工作寄存器，它们在运算时用于暂存操作数据结果或地址。

【答案】错误

25. 总线上传输的信息类型分为数据、地址和控制，因此总线由数据总线、地址总线和控制总线组成。 (　　)

【解析】略。

【答案】正确

四、案例分析题

1. 某地税务局新录用公务员小李领用了台式计算机，由于计算机预装的国产操作系统，小李便使用自己克隆了 Windows10 的 U 盘重新安装了系统，并接入税务专网，安装了税务系统统一部署的桌面安全软件。后从外网下载了几款破解版软件通过 U 盘复制到内网计算机上。由于工作需要，小李领用了打印机、扫描仪等设备。计算机使用一段时间后，发生故障，经鉴定属于主板故障，经过信息部门审批，维保单位将计算机机箱整体带走维修。

根据以上资料，回答以下问题。

（1）小李使用的设备属于输入设备的有（　　）。（多选）

A. 键盘　　B. 鼠标

C. 扫描仪　　D. 打印机

【解析】打印机属于输出设备，其他的都是输入设备。

【答案】ABC

（2）小李领用、使用计算机的行为正确的是（　　）。（单选）

A. 使用自己克隆了 Windows10 的 U 盘重新安装了系统

B. 从外网下载了几款破解版软件通过 U 盘复制到内网计算机上

C. 维保单位将计算机机箱整体带走维修

D. 小李安装了税务部门统一部署的桌面安全软件

【解析】税务专网终端不得私自安装盗版软件，内外网数据交换要通过安全 U 盘等方式进行，内网终端确有需要带走维修时，需要将硬盘卸下，以免数据泄露。

【答案】D

（3）小李使用杀毒软件习惯不正确的有（　　）。（单选）

A. 接收他人传输来的文件时，先查杀病毒，再打开使用

B. 定时升级病毒库，更新系统补丁

C. 认为安装杀毒软件后不会再感染病毒

D. 定期查杀病毒

【解析】杀毒软件用来发现病毒、查杀病毒，不能避免感染病毒。

【答案】C

（4）目前，税务内网终端多预装了国产操作系统，下列说法中正确的有（　　）。（多选）

A. 国产操作系统多为以 Linux 为基础二次开发的操作系统

B. 常见的国产操作系统有中标麒麟、深度 Linux、华为鸿蒙 HarmonyOS 等

C. 相比 Windows 操作系统，国产操作系统对 CPU 芯片等硬件兼容性差

D. 国产操作系统在安全性、可靠性方面更有优势

【解析】国产操作系统多以 Linux 为内核，相比 Windows 操作系统兼容性更好，在安全性、可靠性方面更有优势，缺点是生态环境不完善、普及率较低。

【答案】ABD

（5）近日小李计算机运行缓慢，部分文档无法打开，信息管理员怀疑感染了病毒，关于计算机病毒以下说法正确的有（　　）。（多选）

A. 计算机病毒本质是人为制造的破坏性程序

B. 计算机病毒具有传染性、破坏性、隐蔽性等特点

C. 计算机病毒通过网络、移动存储介质等途径传播

D. 按照传染方式，计算机病毒可以分为引导区型病毒、文档型病毒、混合型病毒

【解析】略。

【答案】ABCD

2. 某税务所工作人员小王为了保证自己的税务专网计算机不被病毒感染，定期使用个人 U 盘从互联网下载最新病毒库然后插入涉密计算机更新病毒库。小王认为，更新了最新的病毒库就不需要再经常性地查杀病毒。一天，小王电脑系统资源几乎耗尽，网速也变得十分缓慢，系统接近瘫痪，小王想起新闻报道，最近勒索病毒流行，于是慌忙到外网电脑上下载勒索病毒的专杀工具，对电脑进行查杀。

（1）请指出税务工作人员小王行为的不当之处及正确处理方法。

（2）简述勒索病毒的特征以及预防。

【答案】（1）小王从外网下载病毒库到内网更新不符合网络安全要求。若从外网下载过程中中了木马程序，在插入内网计算机后，U 盘内的木马程序会自动按照设计，将内网的数据信息自动复制隐藏到 U 盘上，有泄密的风险；小王应及时对税务端 360 天擎安全软件进行升级，并定时查杀病毒，对外来存储先查杀后使用；小王计算机判断中病毒后，应首先断开税务专网，并及时上报信息技术部门，联系专业技术人员处理，或在技术人员的指导下处理，不得自行到外网上下载工具进行查杀。

（2）勒索病毒的症状：更换计算机桌面背景；计算机文件被上锁加密；弹出窗口要挟你交赎金解锁被加密文件。

预防勒索病毒（Windows 系统）：关闭 135、137、445 高危端口，尽量关闭 3389 远程登录（不能关闭 3389 远程登录，至少关闭智能卡登录功能）；及时更新 Windows 发布的安全补丁；利用“勒索病毒免疫工具”进行修复。

错题、要点整理页

第三章　通信与网络

>> 本章知识框架

节	细目	知识点	学习进度
计算机网络基础	计算机网络基本概念和分类	【知识点 1】计算机网络的概念	
		【知识点 2】计算机网络的分类	
		【知识点 3】协议的概念	
	OSI 体系结构模型	【知识点 1】OSI 参考模型	
		【知识点 2】物理层	
		【知识点 3】数据链路层	
		【知识点 4】网络层	
		【知识点 5】传输层	
		【知识点 6】会话层	
		【知识点 7】表示层	
		【知识点 8】应用层	
	TCP/IP 体系结构模型	【知识点 1】TCP/IP 参考模型	
		【知识点 2】网络接口层	
		【知识点 3】网络层	
		【知识点 4】传输层	
局域网基础知识	IEEE 802 参考模型	【知识点 1】IEEE 802 参考模型的最底层功能	
		【知识点 2】IEEE 802 参考模型的 MAC 层功能	
		【知识点 3】IEEE 802 参考模型的 LLC 层功能	

续表

节	细目	知识点	学习进度
局域网基础知识	局域网拓扑结构	【知识点1】局域网的主要拓扑结构	
		【知识点2】总线型局域网	
		【知识点3】环型局域网	
		【知识点4】星型局域网	
		【知识点5】树型局域网	
		【知识点6】网状局域网	
	局域网介质访问控制技术	【知识点1】访问控制方式	
		【知识点2】同步方式	
		【知识点3】异步方式	
		【知识点4】载波侦听多路访问（CSMA）	
		【知识点5】冲突检测（CD）	
		【知识点6】CSMA/CD协议	
	无线局域网	【知识点1】无线局域网的概念	
		【知识点2】无线局域网标准	
		【知识点3】无线局域网访问控制方式	
数据通信基础	数据通信系统	【知识点1】数据通信	
		【知识点2】数据	
		【知识点3】信号	
		【知识点4】信道	
		【知识点5】噪声	
		【知识点6】信号带宽	
		【知识点7】信道带宽	
		【知识点8】模拟传输和数字传输	
		【知识点9】码元	
		【知识点10】数据包和数据帧	
		【知识点11】数据传输速率	
		【知识点12】传输效率	
		【知识点13】信道容量	
		【知识点14】信道分类	

续表

节	细目	知识点	学习进度
数据通信基础	数据编码与数据传输	【知识点1】数据编码	
		【知识点2】数据传输	
		【知识点3】数据传输方式	
		【知识点4】数据交换	
	传输介质	【知识点1】传输介质的类型	
		【知识点2】双绞线	
		【知识点3】同轴电缆	
		【知识点4】光导纤维	
	数据交换技术	【知识点1】数据交换	
		【知识点2】通信方式	
		【知识点3】传输方式	
		【知识点4】交换方式	
Internet基础	IP地址	【知识点1】IPv4地址	
		【知识点2】在分配网络号和主机号时应遵守的准则	
		【知识点3】IPv4的优点	
		【知识点4】IPv4的不足	
		【知识点5】IPv6的定义	
		【知识点6】IPv6地址结构	
		【知识点7】IPv6地址分类	
		【知识点8】IPv6的优点	
		【知识点9】基于IPv4地址子网规划	
	网络层协议	【知识点1】网络层协议概述	
		【知识点2】IP协议	
		【知识点3】ARP协议和RARP协议	
		【知识点4】ICMP协议	
	传输层协议	【知识点1】传输层协议概述	
		【知识点2】端口和套接字	
		【知识点3】TCP	
		【知识点4】UDP	

续表

节	细目	知识点	学习进度
Internet 基础	应用层协议	【知识点 1】应用层协议概述	
		【知识点 2】环球信息网应用	
		【知识点 3】电子邮件	
		【知识点 4】文件传输协议（FTP）	
		【知识点 5】域名系统（DNS）	
		【知识点 6】动态主机配置协议（DHCP）	
		【知识点 7】远程终端协议 Telnet、SSH2	
网络互联技术与设备	网络互联与网络设备	【知识点 1】网络互联与网络设备概述	
		【知识点 2】网络适配器	
		【知识点 3】交换设备	
		【知识点 4】路由器	
	接入网技术	【知识点 1】接入网的概念	
		【知识点 2】数字用户线（DSL）技术	
		【知识点 3】光纤接入技术	
		【知识点 4】无线接入技术	
	虚拟专用网	【知识点 1】虚拟专用网的概念	
		【知识点 2】VPN 的分类	
		【知识点 3】VPN 实现方法	
		【知识点 4】常用 VPN 技术	
	广域网技术	【知识点 1】广域网的概念	
		【知识点 2】广域网常用技术	
	路由协议	【知识点 1】路由协议的概念	
		【知识点 2】路由算法	
		【知识点 3】路由协议	
		【知识点 4】RIP	
		【知识点 5】OSPF	
	交换机基本配置	【知识点 1】交换机基本配置方法	
		【知识点 2】虚拟局域网概念	
		【知识点 3】VLAN 的分类	

续表

节	细目	知识点	学习进度
网络互联技术与设备	交换机基本配置	【知识点4】VLAN 的划分方式	
		【知识点5】基于端口划分 VLAN 的方法	
	路由器基本配置	【知识点1】路由器的主要工作	
		【知识点2】路由与协议	
		【知识点3】路由配置方式	
		【知识点4】路由器接口配置	
		【知识点5】路由度量值	
网络管理	网络管理基础知识	【知识点】网络管理的概念	
	简单网络管理协议	【知识点1】简单网络管理协议的概念	
		【知识点2】SNMP 系统构成	
		【知识点3】SNMP 的缺点	
	网络诊断和配置命令	【知识点1】Ping 命令	
		【知识点2】Ipconfig 命令	
		【知识点3】Arp 命令	
		【知识点4】Nbtstat 命令	
		【知识点5】Tracert 命令	
		【知识点6】Netstat 命令	
		【知识点7】Pathping 命令	
		【知识点8】Nslookup	
	网络故障的分析和排除	【知识点1】网络故障分类	
		【知识点2】网络故障检测步骤	
		【知识点3】税务系统广域网管理	
物联网	物联网基本概念	【知识点1】物联网的定义	
		【知识点2】物联网的特征	
	物联网关键技术	【知识点1】物联网关键技术概述	
		【知识点2】RFID 技术	
		【知识点3】RFID 组件	
		【知识点4】标签	
		【知识点5】传感器和传感节点技术	
		【知识点6】网络通信技术	

续表

节	细目	知识点	学习进度
区块链	区块链概述	【知识点 1】区块链的概念	
		【知识点 2】区块链技术的分类	
		【知识点 3】区块链的特征	
	区块链关键技术	【知识点 1】哈希函数	
		【知识点 2】数字签名	
		【知识点 3】共识机制	
		【知识点 4】智能合约	
		【知识点 5】动态点对点网络	
	区块链面临的问题	【知识点 1】区块链性能和容量问题	
		【知识点 2】区块链安全性局限	
		【知识点 3】区块链发展受到现行制度的制约	
	区块链在税务领域的应用	【知识点 1】区块链电子发票	
		【知识点 2】应用展望	
网络规划与建设	网络规划与分层设计	【知识点 1】网络系统总体目标与设计原则	
		【知识点 2】网络性能评价	
		【知识点 3】层次化网络设计	
	设备选择	【知识点 1】设备选型的基本原则	
		【知识点 2】路由器选型	
		【知识点 3】交换机选型	
		【知识点 4】交换机主要技术指标	
		【知识点 5】交换机配置选择	
	综合布线	【知识点 1】综合布线的概念	
		【知识点 2】常见的综合布线设计标准	
		【知识点 3】综合布线子系统	
		【知识点 4】综合布线的设计、施工与验收	
	税务系统省级广域网设计	【知识点 1】省级广域网建设目标	
		【知识点 2】省级广域网拓扑结构	
		【知识点 3】省级广域网网络层次	
		【知识点 4】线路技术	

>> 习题演练

一、单项选择题

1. OSPF 网络被划分为各种区域，其中作为区域之间交换路由信息的是（　　）。

A. 主干区域　　　　B. 标准区域

C. 存根区域　　　　D. 不完全存根区域

【解析】OSPF 的区域 0 就是所有区域的核心，称为 BackBone 区域（主干区域），而其他区域称为 Normal 区域（常规区域），在理论上，所有的常规区域应该直接和主干区域相连。

【答案】A

2. OSPF 将路由器连接的物理网络划分为 4 种类型，以太网属于（　　）。

A. 点对点网络　　　　B. 广播多址网络

C. 点到多点网络　　　　D. 非广播多址网络

【解析】Ethernet（以太网）、Token Ring（令牌环网）都属于广播多址网络。

【答案】B

3. 下列协议，通过 UDP 报文进行信息交换的是（　　）。

A. HTTP　　　　B. telnet

C. RIP　　　　D. FTP

【解析】RIP（Routing Information Protocol）是基于距离矢量算法的路由协议，基于 UDP 协议端口发送协议报文，其他协议都是基于 TCP 协议传输。

【答案】C

4. 某用户通过手机连接网络的 Wi-Fi 信号，使用 Web 页面进行认证后上网，无线网络使用的认证方式是（　　）。

A. PPPoE　　　　B. Portal

C. IEEE 802. 1X　　　　D. IPMAC

【解析】Portal 认证（也称为 Web 认证）可以以网页的形式为用户提供身份认证和个性化信息服务。

【答案】B

5. 当接收邮件时，客户端与 POP3 服务器之间通过（　　）建立连接。

A. UDP　　　　B. TCP

C. HTTP　　　　D. HTTPS

【解析】POP3 使用 TCP 传输协议，是面向连接的，默认端口 110。

【答案】B

6. 当接收邮件时，客户端与 POP3 服务器之间建立连接，所使用的端口是(　　)。

A. 25P　　B. 52

C. 1100　　D. 110

【解析】POP3 既能与 SMTP 共同使用，也可以单独使用，以传送和接收电子邮件。POP3 是面向连接的，默认端口 110，因此选项 D 正确。

【答案】D

7. SNMP 采用 UDP 提供的数据报服务，这是因为(　　)。

A. UDP 比 TCP 更加可靠

B. UDP 报文可以比 TCP 报文大

C. UDP 是面向连接的传输方式

D. 采用 UDP 实现网络管理不会太多增加网络负载

【解析】UDP 提供的是无连接、不可靠的数据报传递服务，传输效率高，不会太多增加网络负载，适用于高速传输和实时性要求较高的通信或广播通信。

【答案】D

8. 在 Windows 的 DOS 窗口中键入命令：

```
C:\ >nslookup
    >set type = ptr
    >77.40.17.109
```

这个命令序列的作用是(　　)。

A. 查询 77.40.17.109 的邮件服务器信息

B. 查询 77.40.17.109 到域名的映射

C. 查询 77.40.17.109 的资源记录类型

D. 显示 77.40.17.109 中各种可用的信息资源记录

【解析】nslookup 是一个监测网络中 DNS 服务器能否正确实现域名解析的命令行工具。这个命令可以指定查询的类型，也可以查到 DNS 记录的生存时间，还可以指定使用哪个 DNS 服务器进行解释。

【答案】B

9. 在实际操作中，为了检测服务器某个基于 TCP 协议的服务是否正常开启，可以使用的命令是(　　)。

A. Telnet IP 端口　　B. show ip route

C. show interface　　D. route print

【解析】测试某个 TCP 服务是否开启，其实只要检测这个服务对应的 TCP 端口是否有响应即可，通常使用“Telnet IP 服务端口”的形式看是否可以建立 TCP 连接。

【答案】A

10. 在路由器的特权模式下键入命令 setup，则路由器进入（　　）。

A. 用户命令状态　　B. 局部配置状态

C. 特权命令状态　　D. 设置对话状态

【解析】在路由器的特权模式下键入命令 setup，则路由器进入设置对话状态，选项 D 正确。

【答案】D

11. TCP/IP 网络中的（　　）实现应答、排序和流控功能。

A. 数据链路层　　B. 网络层

C. 传输层　　D. 应用层

【解析】传输层提供序列控制、流量控制和错误的检测恢复等功能。

【答案】C

12. 可通过主机的逻辑地址查找对应的物理地址的协议是（　　）。

A. DHCP　　B. SMTP

C. SNMP　　D. ARP

【解析】ARP 地址解析协议是根据 IP 地址获取物理地址的 TCP/IP 协议。

【答案】D

13. 能隔离局域网中广播风暴、提高带宽利用率的设备是（　　）。

A. 网桥　　B. 集线器

C. 路由器　　D. 交换机

【解析】位于三层的设备才能隔离局域网中广播风暴，因此路由器和三层交换机能隔离局域网中广播风暴，提高带宽利用率，选项 C 正确。

【答案】C

14. 下列选项属于链路状态路由选择协议的是（　　）。

A. OSPF　　B. IGRP

C. BGP　　D. RIPv2

【解析】OSPF 属于链路状态路由协议。

【答案】A

15. 当发现主机受到 ARP 攻击时需清除 ARP 缓存，使用的命令是（　　）。

A. arp-a　　B. arp-s

C. arp-d　　D. arp-g

【解析】arp-a 显示所有接口的 ARP 缓存表；arp-s 添加一个静态的 ARP 表项；arp-d 删除 ARP 缓存表项；arp-g 与 arp-a 相同。

【答案】C

16. VLAN之间通信需要（　　）的支持。

A. 网桥　　B. 路由器

C. VLAN服务器　　D. 交换机

【解析】不同VLAN处于不同子网，二层交换机只能实现子网内的通信，只有路由器和三层交换机可以进行路由选择，因此选项B正确。

【答案】B

17. IEEE 802.11 MAC子层定义的竞争性访问控制协议是（　　）。

A. CSMA/CA　　B. CSMA/CB

C. CSMA/CD　　D. CSMA/CG

【解析】IEEE 802.11标准的无线局域网使用的是冲突避免（CA）。

【答案】A

18. 在网络规划和设计过程中，选择网络技术时要考虑多种因素。下列的各种考虑中不正确的是（　　）。

A. 网络带宽要保证用户能够快速访问网络资源

B. 要选择具有前瞻性的网络新技术

C. 选择网络技术时要考虑未来网络扩充的需要

D. 通过投入产出分析确定使用何种技术

【解析】网络新技术未必是最适用的。

【答案】B

19. POP3服务器是指（　　）。

A. 收邮件服务器　　B. 发邮件服务器

C. 文件服务器　　D. 网站服务器

【解析】POP3，全称为Post Office Protocol-Version 3，即“邮局协议版本3”。

【答案】A

20. 路由器在两个网段之间转发数据包时，读取其中的（　　）地址来确定下一跳的转发路径。

A. MAC　　B. IP

C. 源　　D. ARP

【解析】路由器在两个网段之间转发数据包时，读取其中的IP地址来确定下一跳的转发路径。

【答案】B

21. 某税务局为纳税人提供网上服务，允许用户通过浏览器管理自己的账户信息。为保障通信的安全性，该Web服务器可选的协议是（　　）。

A. POP　　　　B. SNMP

C. HTTP　　　　D. HTTPS

【解析】HTTPS 是以安全为目标的 HTTP 通道，简单讲就是 HTTP 的安全版。

【答案】D

22. 某单位要将网络延伸至其在边远地区的派出机构，在施工中可能遇到高压电配电站等一系列不可知因素，下列传输介质中最合适的是（　　）。

A. 双绞线　　　　B. 光缆

C. 同轴电缆　　　　D. 无线介质

【解析】光纤通道传递数据的距离比铜缆远，并且不易受到电磁干扰。光缆还减少了电磁辐射，更符合 FCC 规范。

【答案】B

23. IPv6 将 32 位地址空间扩展到（　　）位。

A. 64　　　　B. 128

C. 256　　　　D. 1024

【解析】IPv6 共 8 个 16 位元位址片段，128 位。

【答案】B

24. 系统可靠性最高的网络拓扑结构是（　　）。

A. 总线型　　　　B. 网状型

C. 星型　　　　D. 树型

【解析】网状型是系统可靠性最高的网络拓扑结构。

【答案】B

25. 在以太网中，是根据（　　）来区分不同的设备的。

A. LLC 地址　　　　B. MAC 地址

C. IP 地址　　　　D. IPX 地址

【解析】每块网卡都有一个唯一的地址，通常称为物理地址（MAC 地址），网卡在生产时由厂家烧入只读内存（ROM）中。

【答案】B

26. 在 OSI 参考模型中，交换机实现互联的层次为（　　）。

A. 物理层　　　　B. 数据链路层

C. 网络层　　　　D. 应用层

【解析】在 OSI 参考模型中，交换机实现互联的层次为数据链路层。

【答案】B

27. RFID 属于物联网的（　　）。

A. 应用层　　　　B. 网络层

C. 业务层　　D. 感知层

【解析】感知层的关键技术包括传感器、RFID、GPS、自组织网络、传感器网络、短距离无线通信等。

【答案】D

28. 物联网关键技术中，（　　）能够接收物品传输的内容。

A. 电子标签技术　　B. 传感技术

C. 智能技术　　D. 纳米技术

【解析】物联网关键技术中，传感技术能够接收物品传输的内容。

【答案】B

29. 10BASE－T 使用标准的 RJ－45 接插件与 3 类或 5 类非屏蔽双绞线连接网卡与集线器，网卡与集线器之间的双绞线长度最大为（　　）。

A. 50 米　　B. 100 米

C. 150 米　　D. 200 米

【解析】10BASE－T 使用非屏蔽双绞线作为传输介质传输的最长距离是 100 米。

【答案】B

30. 对于在传输层及其以上各层协议不同的网络之间，能够实现互联的网络设备是（　　）。

A. 中继器　　B. 网桥

C. 路由器　　D. 网关

【解析】传输层及其以上各层协议不同的网络之间的互联属于高层互联，实现高层互联的设备是网关。路由器是在网络层实现互联的设备，网桥是在数据链路层实现互联的设备，中继器是在物理层实现互联的设备。

【答案】D

31. 通常用来实现局域网与广域网、广域网与广域网互联的网络设备是（　　）。

A. 集线器　　B. 网桥

C. 路由器　　D. 二层交换机

【解析】路由器或网关是实现局域网与广域网互联的主要设备；广域网与广域网互联通过路由器或网关互联起来，使分别联入各个广域网的主机资源能够共享。

【答案】C

32. 下面对路由协议描述错误的是（　　）。

A. 路由协议是主要运行在路由器上的协议，主要用来进行路径选择

B. 路由协议不会让路由器知道到其他路由器的路径

C. 路由协议创建路由表，描述网络拓扑结构

D. 路由协议与路由器协同工作，执行路由选择和数据包转发功能

【解析】路由协议可以让路由器知道到其他路由器的路径。

【答案】B

33. 在计算机网络分层设计模型中，主要目的是完成网络访问策略控制、数据包处理、过滤、寻址，以及其他数据处理的任务是（　　）。

A. 接入层　　B. 汇聚层

C. 主干层　　D. 核心层

【解析】汇聚层的主要目的是完成网络访问策略控制、数据包处理、过滤、寻址，以及其他数据处理的任务。

【答案】B

34. 网络 84. 84. 16. 0/27 中可分配的主机地址数是（　　）。

A. 30　　B. 255

C. 32　　D. 253

【解析】网络 84. 84. 16. 0/27 后五位是主机位，剔除全 0（主机位全 0 表示本网络）和全 1（主机位全 1 向网络中所有主机发送数据的广播地址）剩余的为有效的主机地址。

【答案】A

35. 网络上的每一台计算机若要实现通信，不是必须具备的软硬件条件是（　　）。

A. 网络接口卡　　B. 网络协议

C. 网络服务器　　D. 光盘

【解析】光盘不是计算机网络通信必备的硬件。

【答案】D

36. 在一个办税服务厅内，将 6 台计算机用交换机连接成网络，该网络的物理拓扑结构为（　　）。

A. 星型　　B. 总线型

C. 树型　　D. 环型

【解析】在星型拓扑结构中，网络中的各节点通过点到点的方式连接到一个中央节点上，由该中央节点向目的节点传送信息。在办税服务厅的局域网中，交换机承担中央节点的功能。

【答案】A

37. 如果 temp. txt 文件存储在一个名为 ftp. fine. org 的 FTP 服务器上，那么下载该文件使用的 URL 为（　　）。

A. http：//ftp. fine. org/temp. txt

B. ftp：//ftp. fine. org/temp. txt

C. rtsp：//ftp. fine. org/temp. txt

D. ftp：//fine. org/temp. txt

【解析】协议类型是 ftp：后面指定 FTP 服务器的主机名和路径及文件名（要下载的文件名），就可以通过浏览器访问 FTP 上的特定资源。

【答案】B

38. 路由器通常连接以太网交换机的端口是（　　）。

A. RJ－45 端口　　B. Console 端口

C. 异步串口　　D. 高速同步串口

【解析】路由器在连接以太网交换机时，主要使用的是 RJ－45 端口。

【答案】A

39. RARP 协议的作用是（　　）。

A. 根据 MAC 查 IP

B. 根据 IP 查 MAC

C. 根据域名查 IP

D. 查找域内授权域名服务器

【解析】反向地址转换协议（Reverse Address Resolution Protocol，RARP）的主要作用是将局域网的物理地址（MAC 地址）转换为 IP 地址。

【答案】A

40. 在 RIP 协议中，默认更新一次路由需要（　　）。

A. 30 秒　　B. 60 秒

C. 90 秒　　D. 100 秒

【解析】RIP 协议每隔 30 秒发整张路由表的副表给邻居路由器。

【答案】A

41. 在 Linux 中，使用 Apache 发布 Web 服务时默认 Web 站点的目录为（　　）。

A. /etc/httpd　　B. /var/log/httpd

C. /var/html　　D. /home/httpd

【解析】Appche 的主配置文件为/etc/httpd/conf/httpd. conf。默认站点目录为/var/www/html。

【答案】C

42. 主域名服务器在接收到域名请求后，首先查询的是（　　）。

A. 本地 hosts 文件　　B. 转发域名服务器

C. 本地缓存　　D. 授权域名服务器

【解析】当客户机提出查询请求时，首先在本地计算机的缓存中查找。如果在本地无法获得查询信息，则将查询请求发给 DNS 服务器。

【答案】C

43. DHCP 客户端发送 DHCPDiscovery 消息通过的方式是（　　）。

A. 单播　　B. 广播

C. 组播　　D. 任意播

【解析】由于客户机不知道自己属于哪一个网络，封包的源地址为 0.0.0.0，目的地址为 255.255.255.255，附上 DHCP Discovery 信息，向网络进行广播。

【答案】B

44. 在主动模式下，FTP 协议默认使用传输文件数据的端口是（　　）。

A. 20　　B. 80

C. 25　　D. 23

【解析】FTP 服务器使用 20 和 21 两个网络端口与 FTP 客户端进行通信。主动模式下，FTP 服务器的 21 端口用于传输 FTP 的控制命令，20 端口用于传输文件数据。

【答案】A

45. 网络管理员调试网络，用来持续查看网络连通性的命令是（　　）。

A. ping 目标地址-g　　B. ping 目标地址-t

C. ping 目标地址-r　　D. ping 目标地址-a

【解析】ping 命令是测试两点之间的连通性，t 参数表示持续 ping。

【答案】B

46. SNMP 代理收到一个 GET 请求，如果不能提供该对象的值，代理以（　　）响应。

A. 该实例的上个值　　B. 该实例的下个值

C. Trap 报文　　D. 错误信息

【解析】如果代理收到一个 GET 请求，如果不能提供该对象的值，则以该对象的下一个值响应。

【答案】B

47. 某客户端可以 ping 通同一网段内的部分计算机，原因可能是（　　）。

A. 本机 TCP/IP 协议不能正常工作

B. 本机 DNS 服务器地址设置错误

C. 本机网络接口故障

D. 网络中存在访问过滤

【解析】主机能 ping 通同一网络的部分主机，说明 TCP/IP 协议能正常工作，接口也没有故障，综合最有可能是网络中存在访问过滤。

【答案】D

48. 在 TCP 协议中，用于进行流量控制的字段为（　　）。

A. 端口号　　B. 序列号

C. 应答编号　　D. 窗口

【解析】TCP 协议使用可变大小的滑动窗口字段实现流量控制。

【答案】D

49. 某公司网络的地址是 192. 168. 192. 0/20，要把该网络分成 32 个子网，则对应的子网掩码应该是（　　）。

A. 255. 255. 252. 0　　B. 255. 255. 254. 0

C. 255. 255. 255. 0　　D. 255. 255. 255. 128

【解析】192. 168. 192. 0/20 划分成 32 个子网，需要从主机位中拿出 5 位进行子网划分，划分后每个子网主机位是 7 位，子网掩码变为 255. 255. 255. 128。

【答案】D

50. 如果一个 IPv6 包可以有多个扩展头部，则第一个扩展头部为（　　）。

A. 逐跳选项头　　B. 路由选择

C. 分段头部　　D. 认证头部

【解析】一个 IPv6 可以有多个扩展头，扩展头应该依照如下顺序排列：逐跳选项头、路由选择、分片、鉴别、封装安全有效载荷、目的站选项。

【答案】A

51. RSVP 协议通过（　　）来预留资源。

A. 发送方请求路由器

B. 接收方请求路由器

C. 发送方请求接收方

D. 接收方请求发送方

【解析】RSVP（资源预留协议）是一种网络通信协议，它允许接收方在数据传输前请求路由器预留必要的网络资源。

【答案】B

52. 在 BGP4 协议中，当接收到对方 open 报文后，路由器采用（　　）报文响应，从而建立两个路由器之间的邻居关系。

A. hello　　B. update

C. keepalive　　D. notification

【解析】保持（keepalive）报文用来确认 open 报文和周期性地证实邻站关系。

【答案】C

53. 在一台服务器上只开放了 25 和 110 两个端口，这台服务器可以提供的服务是（　　）。

A. E-Mail　　B. Web

C. DNS　　D. FTP

【解析】25 端口是 SMTP（简单邮件传输协议）端口，用于发送电子邮件；110 端口是 POP3（邮局协议），用于接收电子邮件。

【答案】A

54. 与 HTTP 相比，HTTPS 协议将传输的内容进行加密，更加安全。HTTPS 基于的安全协议是（　　）。

A. RSA　　B. DES

C. SSL　　D. SSH

【解析】HTTPS 使用 SSL 安全套接层协议实现安全传输。

【答案】C

55. 假设某单位有 1000 台主机，则至少需分配（　　）个 C 类网络。

A. 4　　B. 8

C. 12　　D. 16

【解析】一个 C 类网络能容纳 254 台主机，1000 台主机需要 4 个 C 类网络。

【答案】A

二、多项选择题

1. 工业界经常将 RFID 系统分为（　　）。

A. 阅读器　　B. 天线

C. 转换器　　D. 标签

【解析】传送器、接收器和微处理器通常都被封装在一起，又统称为阅读器（Reader），所以工业界经常将 RFID 系统分为阅读器、天线和标签三大组件。

【答案】ABD

2. 标签根据是否内置电源，可以分为三种类型，即（　　）。

A. 被动式标签　　B. 主动式标签

C. 半主动式标签　　D. 全双工标签

【解析】标签根据是否内置电源可分为被动式标签、主动式标签和半主动式标签三种类型。

【答案】ABC

3. 根据物联网对信息感知、传输、处理的过程将其划分为三层结构，即（　　）。

A. 感知层　　B. 会话层

C. 网络层　　D. 应用层

【解析】根据物联网对信息感知、传输、处理的过程将其划分为感知层、网络层、应用层三层结构。

【答案】ACD

4. 按照工作频率的不同，RIFD 系统集中在（　　）区域。

A. 低频　　B. 高频

C. 中频　　D. 超高频

【解析】按照工作频率的不同，RIFD 系统集中在低频、高频、超高频区域。

【答案】ABD

5. 下列属于星型拓扑结构的优点的有（　　）。

A. 方便服务

B. 每个连接只接一个设备

C. 集中控制和便于故障诊断

D. 简单的访问协议

【解析】以上选项均属于星型拓扑结构的优点。

【答案】ABCD

6. 按照网络覆盖范围的大小可将网络分为（　　）。

A. 局域网　　B. 卫星网

C. 广域网　　D. 城域网

【解析】计算机网络按照覆盖范围分为局域网、城域网、广域网。

【答案】ACD

7. 计算机网络由（　　）组成。

A. 数据传输介质　　B. 资源子网

C. 通信子网　　D. 计算机

【解析】计算机网络按逻辑功能分为通信子网与资源子网。

【答案】BC

8. 在路由器上的配置端口有（　　）。

A. Console 端口　　B. AUX 端口

C. PCI 端口　　D. RJ－45 端口

【解析】路由器的配置端口有两个，它们分别是 Console 和 AUX。

【答案】AB

9. 在路由器上可能出现的端口有（　　）。

A. Console 端口　　B. AUX 端口

C. PCI 端口　　D. RJ－45 端口

【解析】RJ－45 是 RJ－45 的网线能够插上去的接口，路由器端口 Console 和 AUX 都可以连接 RJ－45。

【答案】ABD

10. 下列协议属于 OSI 二层协议的有（　　）。

A. PPP　　B. HDLC

C. IP　　D. TCP

【解析】IP 工作在 OSI 模型中的网络层，TCP 工作在 OSI 模型中的传输层。

【答案】AB

11. 关于 TCP 和 UDP，下列说法正确的有（　　）。

A. TCP 和 UDP 都是传输层的协议

B. TCP 和 UDP 都是端到端的传输协议

C. TCP 是端到端的传输协议，UDP 不是端到端的传输协议

D. UDP 是端到端的传输协议，TCP 不是端到端的传输协议

【解析】端到端是传输层的说法，因为无论是 TCP 协议还是 UDP 协议，都要负责把上层交付的数据从发送端传输到接收端，无论其中间跨越多少个节点。只不过 TCP 比较可靠而 UDP 不可靠而已。所以称为端到端，也就是从发送端到接收端。

【答案】AB

12. 关于计算机网络的分类，下列说法正确的有（　　）。

A. 按网络拓扑结构划分，有总线型、环型、星型和树型等

B. 按网络覆盖范围和计算机间的连接距离划分，有局域网、城域网、广域网

C. 按传送数据所用的结构和技术划分，有资源子网、通信子网

D. 按通信传输介质划分，有低速网、中速网、高速网

【解析】计算机网络按逻辑功能分为通信子网与资源子网，按通信传输介质可分为有线网和无线网。

【答案】AB

13. 在一般情况下，下列关于局域网与广域网说法不正确的有（　　）。

A. 局域网比广域网地理覆盖范围大

B. 广域网比局域网速度要快得多

C. 广域网比局域网计算机数目多

D. 局域网不能运行 TCP/IP 协议

【解析】一般情况下广域网比局域网地理覆盖范围大，局域网比广域网速度快，局域网能运行 TCP/IP 协议。

【答案】ABD

14. 下列关于以太网交换机的说法，正确的有（　　）。

A. 以太网交换机工作在数据链路层

B. 以太网交换机可以隔离冲突域

C. 以太网交换机中存储转发交换方式相比直接交换方式其延迟更短

D. 以太网交换机通过 MAC 地址表转发数据

【解析】存储转发还要消耗存储时间、排队时间、转发时间等，时延要大于直接转发。

【答案】ABD

15. 区块链安全性的局限有（　　）。

A. 区块链的“分叉”

B. 公钥在全网络的传播

C. 51% 攻击可能性

D. 私钥与终端安全

【解析】私钥丢失会产生损害；在参与计算的节点数太少，则会面临51%攻击的可能性。

【答案】CD

16. 局域网的网络设备通常有（　　）。

A. 交换机　　B. 路由器

C. 网桥　　D. HUB

【解析】局域网的网络设备通常包括交换机、路由器、网桥、HUB 等。

【答案】ABCD

17. 常用来测试计算机网络是否正常的命令有（　　）。

A. ping　　B. ipconfig

C. tracert　　D. desktop

【解析】常用来测试计算机网络是否正常的命令有 ping、ipconfig、tracert，不包括 desktop。

【答案】ABC

18. 动态划分 VLAN 的方法包括（　　）。

A. 网络层协议　　B. 网络层地址

C. 交换机端口　　D. MAC 地址

【解析】静态 VLAN 基于端口，而动态 VLAN 可以基于 MAC、网络协议、IP 组播、策略、用户定义。

【答案】ABD

19. 目前，税务系统省级广域网主要采用的结构有（　　）。

A. 重要节点双冗余结构

B. 分层分级结构

C. 网状结构

D. 线路分担结构

【解析】税务系统省级广域网主要采用的结构有：重要节点双冗余结构，分层分级结构，线路分担结构。

【答案】ABD

20. 下列选项属于网络管理的五大功能域的有（　　）。

A. 配置管理　　B. 故障管理

C. 性能管理　　D. 带宽管理

【解析】网络管理功能有故障管理、配置管理、计费管理、性能管理、安全管理。

【答案】ABC

21. 单模光纤中心玻璃芯很细，对单模光纤描述正确的有（　　）。

A. 适用于高速度、长距离传输

B. 成本高

C. 宽芯线，聚光好

D. 耗能极小

【解析】单模光纤适用于高速度、长距离传输的场景，具有成本高、耗能极小、窄带线、聚光好、高效等特点。

【答案】ABD

22. 随着区块链、物联网、云计算等技术的发展，IPv4 资源不足，以下属于 IPv4 设计缺陷的有（　　）。

A. IPv4 地址空间不足

B. 不易进行自动配置和重新编址

C. 骨干路由器维护的路由表表项数量过大

D. 不能解决日益突出的安全问题

【解析】IPv4 地址采用了不合理、低效率的方法，IPv4 地址枯竭；不易进行自动配置和重新编址；骨干路由器维护的路由表表项数量过大，没有提供加密和认证机制，不能保证机密数据资源的安全传输。

【答案】ABCD

23. 下列属于计算机网络构成的有（　　）。

A. 网络软件　　B. 网络拓扑结构

C. 传输控制协议　　D. 网络硬件

【解析】计算机网络通常由硬件、软件、网络拓扑结构、传输控制协议、网络服务、安全机制等构成。

【答案】ABCD

24. VLAN 在局域网组网中使用广泛，在由多个 VLAN 组成的局域网中，下列说法正确的有（　　）。

A. 当节点从一个 VLAN 转移到另一个 VLAN 时，一般不需要改变物理连接

B. VLAN 中一个节点可以和另一个 VLAN 中的节点直接通信

C. 当节点在一个 VLAN 中广播时，其他 VLAN 的节点不能收到

D. 当节点在一个 VLAN 中广播时，其他 VLAN 的节点能收到

【解析】不同 VLAN 内的报文在传输时是相互隔离的，即一个 VLAN 内的用户不能和其他 VLAN 内的用户直接通信。同一个 VLAN 中的广播只有 VLAN 中的成员才能听到，而不会传输到其他的 VLAN 中去。

【答案】AC

25. VLAN 之间的通信通过（　　）实现。

A. 二层交换机　　B. 网桥

C. 路由器　　D. 三层交换机

【解析】要让不同 VLAN 主机之间通信，需要路由器或者具有路由功能的三层交换机为不同 VLAN 做路由。

【答案】CD

26. 以下关于 OSPF 的描述中，说法正确的有（　　）。

A. 根据链路状态算法计算最佳路由

B. 用于自治系统内的内部网关协议

C. 采用 Dijkstra 算法进行路由计算

D. OSPF 网络中用区域 1 来表示主干区域

【解析】区域 0 也称为主干区域，是 OSPF 网络中最重要的区域，标识符为 0.0.0.0，作用是连通其他在下层的区域，从其他区域来的信息都由区域边界路由器进行概括。

【答案】ABC

27. SNMP 采用 UDP 提供数据报服务原因有（　　）。

A. UDP 数据传输效率高

B. UDP 面向连接，没有数据丢失

C. UDP 无须确认，不增加主机重传负担

D. UDP 开销小，不增加网络负载

【解析】SNMP 采用 UDP 提供数据报服务的原因包括 UDP 数据传输效率高和 UDP 开销小，不增加网络负载。选项 B 中说法错误，UDP 主要特点是无连接，不保证可靠传输。

【答案】ACD

28. 以下关于网络布线子系统的说法中，正确的有（　　）。

A. 工作区子系统指终端到信息插座的区域

B. 水平子系统实现计算机设备与各管理子系统间的连接

C. 干线子系统用于连接楼层之间的设备间

D. 建筑群子系统连接建筑物

【解析】水平子系统的主要功能是实现信息插座和管理子系统（跳线架）间的连接，而不是直接连接计算机设备与各管理子系统。

【答案】ACD

29. 以下关于 VLAN 标记的说法中，正确的有（　　）。

A. 交换机根据目标地址和 VLAN 标记进行转发决策

B. 进入目的网段时，交换机删除 VLAN 标记，恢复原来的帧结构

C. 添加和删除 VLAN 标记的过程处理速度较慢，会引入太大的延迟

D. VLAN 标记用户是透明的

【解析】VLAN 操作于交换机上，在二层层面上实现，并不会引入太大延迟。

【答案】ABD

30. 进行域名解析的过程中，若主域名服务器故障，由转发域名服务器传回解析结果，下列说法中错误的有（　　）。

A. 辅助域名服务器配置了递归算法

B. 辅助域名服务器配置了迭代算法

C. 转发域名服务器配置了递归算法

D. 转发域名服务器配置了迭代算法

【解析】辅助域名服务器，用于备份主域名服务器的数据，并在服务器故障时接管解析任务。转发域名服务器，不直接存储 DNS 记录，而是将查询请求转发给其他服务器。在处理域名解析时，配置递归算法是指 DNS 服务器收到查询请求后，代替客户端向其他 DNS 服务器发起查询，直到找到最终结果返回给客户端。辅助域名服务器是通过查找缓存或本地数据库中的记录，返回给客户端或转发域名服务器。配置迭代算法是指 DNS 服务器收到查询请求后，如果本地没有记录，告诉客户端另一台 DNS 服务器的地址，让客户端继续向该服务器发起查询。在主域名服务器故障，辅助域名服务器承担解析任务，此时转发域名服务器传回解析结果，即转发域名服务器向辅助域名服务器发起 DNS 查询请求，并将结果返回给客户，说明转发域名服务器配置了递归算法。

【答案】ABD

31. 无线局域网通常采用的加密方式是 WPA2，其安全加密算法有（　　）。

A. AES　　　　B. TKIP

C. DES　　　　D. RSA

【解析】无线局域网的加密方式中，WPA2 加密技术被广泛采用，其支持 AES 和 TKIP 加密算法。

【答案】AB

32. 以下关于在 IPv6 中任意播地址的叙述中，正确的有（　　）。

A. 只能指定给 IPv6 路由器

B. 可以用作目标地址

C. 可以用作源地址

D. 代表一组接口的标识符

【解析】任意播地址指派给多个节点的接口，送往任意播地址的数据包只会传播给其中的一个接口。任意播地址不能指定给 IPv6 主机，只能指定给 IPv6 路由器。任意播不能用于源地址，只能做目的地址。子网前缀必须固定，其余位置全 0。

【答案】ABD

33. 以下关于 VLAN 的叙述中，正确的有（　　）。

A. VLAN 把交换机划分成多个逻辑上独立的区域

B. VLAN 可以跨越交换机

C. VLAN 只能按交换机端口进行划分

D. VLAN 隔离了广播，可以缩小广播风暴的范围

【解析】VLAN 可以按交换机端口划分，也可以按 MAC 地址、网络层协议等划分。

【答案】ABD

34. 以下关于层次化网络设计的叙述中，正确的有（　　）。

A. 核心层实现数据分组从一个区域到另一个区域的高速转发

B. 接入层应提供丰富接口和多条路径来缓解通信瓶颈

C. 汇聚层提供接入层之间的互访

D. 汇聚层通常进行资源的访问控制

【解析】在层次化局域网模型中，核心层的主要功能是将分组从一个区域高速地转发到另一个区域。接入层是用户设备（如计算机、手机、打印机等）接入网络的入口。汇聚层位于接入层和核心层之间，承担连接不同接入层子网的任务，同时进行部门间的隔离。

【答案】ACD

35. 观察交换机状态指示灯是初步判断交换机故障的检测方法。以下关于交换机状态指示灯的描述中，正确的有（　　）。

A. 交换机指示灯显示红色表明设备故障或者告警，需要关注和立即采取行动

B. STCK 指示灯显示绿色表示接口在提供远程供电

C. SYS 指示灯显示红色表明交换机可能存在风扇或温度告警

D. 交换机业务接口对应单一指示灯常亮表示连接，快闪表示数据传送

【解析】STCK 指示灯显示绿色表示业务接口暂时用来指示设备堆叠信息，即本设

备为堆叠备设备或堆叠从设备。

【答案】ACD

36. 下面消除交换机上 MAC 地址漂移警告的方法中，描述正确的有（　　）。

A. 人工把发生漂移的接口 shut down

B. 在接口上配置 error-down，自动 down 掉漂移的端口

C. 在接口上配置 quit-vlan，使发生漂移的接口指定 VLAN 域内退出

D. 在接口上配置 stptc-protection 解决 MAC 地址漂移

【解析】MAC 地址漂移，是指在同一个 VLAN 内，一个 MAC 地址有两个出接口，并且后学习到的出接口覆盖原出接口的现象。STP 是用于防止网络环路并确保网络路径冗余的协议，不能解决 MAC 地址漂移问题。

【答案】ABC

37. 两台交换机的光口对接，其中一台设备的光口 UP，另一台设备的光口 DOWN。定位此类故障的思路包括（　　）。

A. 查看光纤是否交叉对接

B. 查看两端使用的光模块被长和速率是否一样

C. 查看两端 COMBO 口是否都设置为光口

D. 查看两个光口是否未同时配置自协商或者强制协商

【解析】当出现一端 UP、一端 DOWN 的情况，先要通过替换光纤的方法排除光纤损坏的原因，再通过替换光模块的方法排除光模块不匹配的原因，最后再进行软件层面的定位。

【答案】ABCD

38. PGP 是一种用于电子邮件加密的工具，可提供数据加密和数字签名服务，使用的加密算法有（　　）。

A. RSA　　B. IDEA

C. MD5　　D. SHA-1

【解析】PGP 协议采用 RSA 和 IDEA 两种加密算法组成链式加密体系。

【答案】AB

39. IPSec（互联网安全协议）用于增强 IP 网络的安全性。下面关于 IPSec 说法正确的有（　　）。

A. IPSec 可对数据进行完整性保护

B. IPSec 提供用户身份认证服务

C. IPSec 的认证头添加在 TCP 封装内部

D. IPSec 对数据加密传输

【解析】IPSec 的认证头是添加在 IP 层之上的，而不是在 TCP 封装内部。

【答案】ABD

40. 要在一台服务器上通过 IIS 运行多个独立域名的网站，下列方法中正确的有（　　）。

A. 为计算机安装多块网卡

B. 使用不同的主机头名

C. 使用虚拟目录

D. 使用不同的端口号

【解析】IIS 通过分配 TCP 端口、IP 地址和主机头名来在一台服务器上运行多个网站。虚拟主机之间相互独立，由用户自行管理。采用这种技术可以节约硬件投资、节省空间，降低成本。

【答案】ABC

41. 在网络规划和设计过程中，选择网络技术时要考虑多种因素。下列各种考虑中正确的有（　　）。

A. 网络带宽要保证用户能够快速访问网络资源

B. 要选择具有前瞻性的网络新技术

C. 选择网络技术时要考虑未来网络扩充的需要

D. 通过投入产出分析确定使用何种技术

【解析】在网络规划和设计过程中，应当选择成熟可靠的技术，而不是不成熟的网络新技术。

【答案】ACD

三、判断题

1. 哈希函数又称散列函数、杂凑函数。哈希函数可以将任意长度的输入经过变化后得到一个长度小得多的固定长度的输出。（　　）

【解析】哈希函数可以将任意长度的输入经过变化后得到一个长度小得多的固定长度的输出。

【答案】正确

2. 区块链的去中心化程度与共识机制的性能效率成正比关系，去中心化程度越高，共识机制的效率越低。（　　）

【解析】共识机制是通过特殊节点的投票，在很短的时间内完成对交易的验证和确认。去中心化程度越高，共识机制的效率越低。

【答案】正确

3. AUX 端口使用配置专用连线直接连接至计算机的串口，利用终端仿真程序进行路由器本地配置。（　　）

【解析】Console 端口使用配置专用连线直接连接至计算机的串口，利用终端仿真程序进行路由器本地配置。

【答案】错误

4. 在 OSI 参考模型中，同一节点内相邻层之间通过接口来进行通信。（　）

【解析】在 OSI 参考模型中，同一层中的各网络节点都有相同的层次结构，具有同样的功能；同一节点内相邻层之间通过接口来进行通信。

【答案】正确

5. 在共享介质方式的总线型局域网实现技术中，需要利用 CSMA/CA 方法解决多节点访问共享总线的冲突问题。（　）

【解析】在共享介质方式的总线型局域网实现技术中，需要利用介质访问控制（MAC）方法解决多节点访问共享总线的冲突问题。

【答案】错误

6. SNMP 是最常用的网络管理协议，它位于 TCP/IP 参考模型的传输层。（　）

【解析】SNMP 位于 TCP/IP 参考模型应用层。

【答案】错误

7. 电子邮件应用程序利用 POP3 协议发送邮件。（　）

【解析】电子邮件协议包括 SMTP（Simple Mail Transfer Protocol，简单邮件传输协议）、POP3（邮局协议）和 IMAP（Internet 邮件访问协议）。这三种协议都是由 TCP/IP 协议族定义的。SMTP 主要负责底层的邮件系统如何将邮件从一台机器传至另外一台机器。POP3 负责接收邮件。

【答案】错误

8. 局域网的安全措施首选防火墙技术。（　）

【解析】防火墙就是用来阻挡外部不安全因素影响的内部网络屏障，其目的就是防止外部网络用户未经授权的访问。在局域网中应用防火墙技术，能将不安全的网络信息过滤，阻止不安全信息入侵网络。

【答案】正确

9. VLAN 工作在 OSI 参考模型的第二层数据链路层，因此不同 VLAN 之间可以通过二层交换机进行通信。（　）

【解析】VLAN 只能通过网络层进行通信。

【答案】错误

10. POP3 协议是一种简单的、无状态的协议，用于发送电子邮件。（　）

【解析】POP3 协议基于 TCP/IP 协议，定义了电子邮件客户端如何从邮件服务器上获取电子邮件的方法。

【答案】错误

11. 域名系统（DNS）采用了客户机/服务器模式，由域名数据库、域名服务器和地址解析器三部分构成。（ ）

【解析】域名系统（DNS）采用了客户机/服务器模式，由域名数据库、域名服务器和地址解析器三部分构成。

【答案】正确

12. 网络操作系统是为计算机网络配置的操作系统，它使网络中每台计算机能互相通信和共享资源。（ ）

【解析】网络操作系统是向网络计算机提供服务的特殊的操作系统。借由网络达到互相传递数据与各种消息，分为服务器及客户端。

【答案】正确

13. ICMP 和 ARP 都工作在 OSI 模型的网络层。（ ）

【解析】在 OSI 模型中，ICMP 工作网络层，ARP 工作在数据链路层。

【答案】错误

14. 传输控制协议（TCP）属于传输层协议，而用户数据报协议（UDP）属于网络层协议。（ ）

【解析】TCP 和 UDP 协议都属于传输层协议。

【答案】错误

15. HFC 接入网采用同轴电缆传输介质接入住宅小区。（ ）

【解析】HFC（Hybrid Fiber Coaxial）接入网是指光纤同轴电缆混合网。它是一种新型的宽带网络，使用光纤接入住宅小区，然后利用有线电视 CATV 的总线式同轴电缆连接到用户，提供综合电信业务。

【答案】错误

16. OSPF 路由协议定期向邻居发送 Keepalive 报文表明存在。（ ）

【解析】在 OSPF 协议中，路由器通过交换 Hello 消息来建立邻居关系。如果连续三次收到对方的 Hello 报文，则建立邻居关系。如果在一定时间内（Dead Time，计算邻居之间路由失效时间）没有收到对方的 Hello 报文，则认为邻居失效。Keepalive 报文是 BGP 协议中用于维护邻居关系。

【答案】错误

17. telnet 是基于 UDP 协议的应用。（ ）

【解析】telnet 是基于 TCP 协议的应用。

【答案】错误

18. SNMP 是一种异步请求/响应协议，采用 UDP 协议进行封装。（ ）

【解析】SNMP 使用 UDP 作为传输协议，是一种异步的请求/响应协议。

【答案】正确

19. 在 Windows 中，arp-a 命令运行结果中不出现网关 IP 地址。 （　）

【解析】当执行 arp-a 命令时，会列出本地 ARP 缓存中的所有条目，包括网关的 IP 地址和对应的 MAC 地址。

【答案】错误

20. telnet 登录密码丢失，通过 Console 口登录交换机后重新进行配置。 （　）

【解析】telnet 登录密码丢失，可以通过其他方式（例如 Console 口）登录交换机后重新进行配置。

【答案】正确

21. 当站点收到“在数据包组装期间生存时间为 0”的 ICMP 报文，说明因为拥塞丢弃报文。 （　）

【解析】“在数据包组装期间生存时间为 0”说明 IP 数据报部分分片丢失，无法组装。

【答案】错误

22. 直通交换存在坏帧传播的风险。 （　）

【解析】直通交换方式不会进行存储转发，因此转发速度快，但存在无效帧或坏帧的问题。

【答案】正确

23. 路由器与计算机串行接口连接，利用虚拟终端对路由器进行本地配置的接口是 AUX 端口。 （　）

【解析】路由器与计算机串行接口连接，利用虚拟终端对路由器进行本地配置的接口是 Console 口。

【答案】错误

24. IP 数据报在网络中无限制转发，IPv4 首部中通过 TTL 字段加以控制。 （　）

【解析】生存时间字段常用的英文缩写为 TTL，表明数据报在网络中的寿命。

【答案】正确

25. Linux 中有多个根目录，用“/”加相应目录名称表示。 （　）

【解析】Linux 中只有一个根目录，用“/”表示。

【答案】错误

26. 在 Windows 操作系统中，远程桌面使用的默认端口是 8080。 （　）

【解析】远程桌面使用的默认端口是 3389。

【答案】错误

27. 在浏览器地址栏输入一个正确的网址后，本地主机将首先在本机 hosts 文件中查询该网址对应的 IP 地址。 （　）

【解析】在浏览器地址栏输入一个正确的网址后，本地主机的查询顺序是：本地

DNS 缓存—hosts 文件—本地 DNS 服务器—根域名服务器、顶级域名服务器、权限域名服务器。

【答案】错误

28. 能隔离局域网中广播风暴、提高带宽利用率的设备是路由器。（ ）

【解析】路由器、第三层交换机则可以划分广播域，即可以连接不同的广播域。

【答案】错误

29. TCP/IP 网络中的数据链路层实现应答、排序和流控功能。（ ）

【解析】TCP/IP 网络中的传输层实现应答、排序和流控功能。

【答案】错误

30. 代理 ARP 是指由一个路由器代替远端目标回答 ARP 请求。（ ）

【解析】路由器从开启 ARP 代理的接口收到一个 ARP 请求，如果该目标的 IP 地址是自己可达的，并且这个对应路由条目的出接口不是收到该 ARP 请求的接口，那么路由器将执行代理 ARP 功能。

【答案】正确

31. 查看 VLAN 配置信息的命令是 display current-configuration。（ ）

【解析】略。

【答案】正确

32. OSPF 路由协议是一种距离矢量路由协议。（ ）

【解析】OSPF 路由协议是链路状态路由协议。

【答案】错误

33. tracert 命令可以用于确定 IP 数据包访问目标时所选择的路径。（ ）

【解析】略。

【答案】正确

34. 在建立 TCP 连接过程中，出现错误连接时，ACK = 1。（ ）

【解析】TCP 协议中的 RST 标志用于异常终止一个连接。RST = 1 表明 TCP 连接出现严重错误，需要释放连接并重新建立。

【答案】错误

35. 当客户端收到多个 DHCP 服务器的响应时，会选择租期最长的地址作为自己的 IP 地址。（ ）

【解析】当收到多个 DHCP 服务器的响应时，客户端会选择最先到达的地址作为自己的 IP 地址。

【答案】错误

36. 从 FTP 服务器下载文件的命令是 get。（ ）

【解析】从 FTP 服务器下载文件的命令是 get，上传是 put。

【答案】正确

37. ISP 分配给某公司的地址块为 199.34.76.64/28，则该公司得到的 IP 地址数是 8。（　　）

【解析】地址块为 199.34.76.64/28，说明网络位占 28 位，主机位占 4 位，那么 IP 地址数是 16。

【答案】错误

38. STP 协议的作用是防止二层环路。（　　）

【解析】生成树协议（Spanning Tree Protocol，STP）可应用于在网络中建立树型拓扑，消除网络中的环路，并且可以通过一定的方法实现路径冗余。

【答案】正确

39. ICMP 可传送 IP 通信过程中出现的错误信息。（　　）

【解析】ICMP 与 IP 同属于网络层协议，用于传送有关通信问题的消息。

【答案】正确

40. TCP 使用的流量控制协议是固定大小的滑动窗口协议。（　　）

【解析】TCP 使用的流量控制协议是可变大小的滑动窗口协议，固定大小的滑动窗口协议用在数据链路层的 HDLC 中。

【答案】错误

四、案例分析题

1. 材料 1：中共中央政治局 2019 年 10 月 24 日下午就区块链技术发展现状和趋势进行第十八次集体学习。中共中央总书记习近平在主持学习时强调，区块链技术的集成应用在新的技术革新和产业变革中起着重要作用。

材料 2：2021 年 3 月，中共中央办公厅、国务院办公厅印发了《关于进一步深化税收征管改革的意见》，文中指出：探索区块链技术在社会保险费征收、房地产交易和不动产登记等方面的应用，并持续拓展在促进涉税涉费信息共享等领域的应用。

根据以上材料，回答下列问题。

（1）简要介绍区块链技术。

（2）简要描述一般区块链的工作流程。

（3）尝试分析区块链技术在税务工作中的应用前景。

【答案】（1）区块链本质上是一个去中心化的分布式数据库，该数据库由一串使用密码学方法产生的数据区块有序链接而成，区块中包含有一定时间内产生的无法被篡改的数据记录信息。区块链技术不是一种单一的技术，而是多种技术整合的结果，包括密码学、数学、经济学、网络科学等。这些技术以特定方式组合在一起，形成了一种新的去中心化数据记录与存储体系，并给存储数据的区块打上时间戳使其形成一个连续的、前后关联的诚实数据记录存储结构，最终目的是建立一个保证诚实的数据系统，可将其称为能够保证系统诚实的分布式数据库。

(2) 沿着区块链中的任何一个节点向上游回溯，总能到达区块链的源头，也就是区块链中的第一个区块。在创世区块的基础上，区块链中的用户通过不断计算随机数的哈希值，比特币的区块链通过基于哈希算法的工作量证明机制为发送信息加入了成本，进而降低了信息传递的速率，并引入了随机元素以保证在一个时间之内只有一个用户可以进行广播。那台成功计算出有效哈希值的计算机将所有之前的信息汇聚在一起，再将自己的信息附于末尾，加之以数字签名，向网络中的其他机器广播出去。只要网络中的其他机器收到并验证了这个正确的哈希值和附着在上面的信息，它们就会停止当下的计算，使用新的信息更新各自手中持有的账本副本，然后在更新后的账本的基础上开始新一轮的哈希值计算。在对于上述过程的不断重复中，新的不断生成、验证、加入，最终形成一条长链。

与中心机构验证确认支付信息的机制不同，全网记账需要在整个网络中达成共识。以比特币交易为例，在交易发生的那一刻起，比特币交易数据就被盖上了时间戳。当交易数据被打包到一个区块中后，交易就算被初步确认了。当区块链接到前一个区块之后，交易会得到进一步的确认。在连续得到六个区块确认之后，这笔交易基本上就不可逆转地得到确认了。

(3) 区块链电子发票具有全流程完整追溯、信息不可篡改等特性，与发票逻辑相吻合，能够有效规避假发票，完善发票监管流程。区块链电子发票将连接每一个发票干系人，可以追溯发票的来源、真伪和入账等信息，解决发票流转过程中一票多报、虚报虚抵、真假难验等难题。此外，还具有降低成本、简化流程、保障数据安全和隐私的优势。

创建一个增值税标准和协议可以让分布式账本技术与税收相关联，从收据到银行存单，将所有的交易统一起来。这个系统会包括强化税收监管的智能合约，偷税漏税行为将比现有的审计方式更容易被发现。无论是企业、银行还是其他金融机构，提高可追溯性和透明度都将使偷税漏税行为更难以隐匿。

将区块链技术应用于税收领域会增强整个经济体中实时交易的透明度，区块链公开透明特性还能够为向中小企业提供融资的贷款人提供包括信用状况在内的各项必要数据，方便贷款人准确识别和评估借款行为和背后的信用风险。

2. 某省税务局应用系统的运行模式为省级集中模式。办税期期间，某县（区）税务局办税服务厅某台接入税务内网的工作用计算机出现无法访问省局业务系统的问题。如果你是网络管理员，排除该计算机感染病毒的因素，请从计算机硬件、交换机、路由器、防火墙、广域网线路等方面，写出解决该故障方法，要求思路清晰，尽可能多地分析出该问题的产生原因。

【答案】（1）在计算机硬件上，检查故障计算机的网卡是否正常（通过查看网卡指示灯、在操作系统中查看网卡的运行状态等方式），检查故障计算机的网线连接是否正常（看网卡或交换机端口指示灯）。

（2）在交换机上，如果发生大范围无法上网，可能是交换机本身发生硬件或上级接入交换机出现故障，通过 ping 命令进行检查确认；如不是该问题，可以询问其他计算机是否连接正常，若其他计算机连接正常，可能是交换机上本台计算机对应的端口问题。

（3）在防火墙上，一是查看防火墙设备工作指示灯状态是否正常，二是登录防火墙查看安全策略是否正常开放。

（4）在路由器上，一是查看路由器工作状态，是否有工作异常报警（有报警灯）；二是登录路由器后，查看路由器的日志中是否有报警信息；三是查看路由器配置是否正常；四是执行 tracert 命令追踪路由，确认网络路径故障点，并根据路由路径上的故障点，检查相应设备。

（5）在广域网上，联系网络运营商，询问是否广域网线路出现问题；如果广域网线路正常，询问上级单位是否出现故障。

3. 某学校拥有内部数据库服务器 1 台、邮件服务器 1 台、DHCP 服务器 1 台、FTP 服务器 1 台、流媒体服务器 1 台、Web 服务器 1 台。要求为所有的学生宿舍提供有线网络接入服务，对外提供 Web 服务、邮件服务、流媒体服务，内部主机和其他服务器对外不可见。

根据以上资料，回答以下问题。

（1）根据学校网络需求，划分防火墙安全区域和安全等级说法正确的有（　　）。（多选）

A. 内部网络，安全级别最高

B. 外部网络，安全级别最低

C. DMZ 区域，安全级别最高

D. DMZ 区域，安全级别中等

【解析】内部网络安全级别最高，是可信的；外部网络安全级别最低，是不可信的；DMZ 区域安全级别为中等。

【答案】ABD

（2）FTP 服务器应放置的区域是（　　）。（单选）

A. 内部网络　　B. 外部网络

C. DMZ 区域　　D. 混合区域

【解析】FTP 应放置在内部网络，提供最高级别的防护措施。

【答案】A

（3）学生宿舍区因视频流导致大量的 P2P 流量，为了保障该区域中各项服务均能正常使用，应采用的设备是（　　）。（单选）

A. 千兆路由器　　B. 流控设备

C. 网络接口卡　　D. 无线接入点

【解析】由于网络中存在大量的 P2P 流量，应对 P2P 流量进行控制，一般采用流控设备。

【答案】B

（4）上述设备应部署的位置和接入网络方式说法正确的是（　　）。（单选）

A. 核心交换机与学生宿舍区汇聚交换机之间，串行方式

B. 核心交换机与学生宿舍区汇聚交换机之间，并行方式

C. 学生宿舍终端和学生宿舍汇聚交换机之间，串行方式

D. 学生宿舍终端和学生宿舍汇聚交换机之间，并行方式

【解析】流控设备一般部署在被控流量区域的主干区域，应采用串接方式接入网络。

【答案】A

（5）在内网核心交换机与外网之间应部署的设备是（　　）。（单选）

A. VPN 服务器　　B. 网关

C. 防火墙　　D. 路由器

【解析】防火墙采用端口映射等技术为外网提供服务。

【答案】C

错题、要点整理页

第四章　网络安全

>> 本章知识框架

节	细目	知识点	学习进度
网络安全基础	网络安全的概念	【知识点 1】网络安全的定义	
		【知识点 2】网络空间安全	
	网络与通信安全	【知识点 1】网络与通信安全的威胁	
		【知识点 2】物理层安全	
		【知识点 3】网络层安全	
		【知识点 4】传输层安全	
		【知识点 5】应用层安全	
		【知识点 6】无线网络安全	
	信息系统安全	【知识点 1】设备安全	
		【知识点 2】数据安全	
		【知识点 3】内容安全	
		【知识点 4】行为安全	
		【知识点 5】信息安全的基本要素	
安全管理	网络安全法律法规	【知识点 1】我国现行网络安全相关法律法规	
		【知识点 2】网络安全法	
	网络安全“等级保护 2.0”国家标准	【知识点 1】网络安全“等级保护 2.0”国家标准的由来	
		【知识点 2】网络安全等级保护对象	
		【知识点 3】等级定义	
		【知识点 4】等级保护工作主要内容	

续表

节	细目	知识点	学习进度
安全管理	税务系统网络安全管理	【知识点1】信息安全风险评估	
		【知识点2】风险评估主要步骤	
		【知识点3】税务系统应急预案体系	
		【知识点4】专项预案分类	
		【知识点5】专项预案编制部门	
		【知识点6】应急演练机构组织与职责	
		【知识点7】应急演练具体内容	
安全技术	加密与解密	【知识点1】概述	
		【知识点2】对称加密算法	
		【知识点3】分组密码	
		【知识点4】流密码	
		【知识点5】非对称加密算法	
		【知识点6】公钥证书	
		【知识点7】RSA	
		【知识点8】密钥交换	
	数字签名	【知识点1】数字签名的概念	
		【知识点2】消息的完整性	
		【知识点3】消息的真实性	
		【知识点4】消息的不可否认性	
	数字证书	【知识点1】数字证书的概念	
		【知识点2】数字证书的原理	
		【知识点3】数字证书的分类	
	认证	【知识点1】认证的概念	
		【知识点2】基于口令的认证	
		【知识点3】双因子身份认证技术	
		【知识点4】生物特征识别认证技术	
网络安全技术	防火墙技术	【知识点1】防火墙的概念	
		【知识点2】防火墙的基本类型	
		【知识点3】包过滤技术	

续表

节	细目	知识点	学习进度
网络安全技术	防火墙技术	【知识点4】代理技术	
		【知识点5】状态检测技术	
	漏洞扫描技术	【知识点1】漏洞扫描技术的概念	
		【知识点2】端口扫描技术	
		【知识点3】漏洞扫描技术	
	日志审计技术	【知识点1】设置日记记录	
		【知识点2】日志数据分析	
	内外网隔离技术	【知识点1】物理隔离	
		【知识点2】用户级物理隔离	
		【知识点3】网络级物理隔离	
		【知识点4】内外网数据交换解决方案	
	网络地址转换技术	【知识点】网络地址转换技术	

>>习题演练

一、单项选择题

1. 数据保密性安全服务的基础是（　　）。

A. 数据完整性机制　　B. 数字签名机制

C. 访问控制机制　　D. 加密机制

【解析】数据保密性安全服务保护信息不泄露或不暴露给那些未授权想掌握该信息的实体，加密机制可以有效保护信息不被泄露或暴露。

【答案】D

2. 下列不属于 HTTP 协议中完成页面间消息传递的方法的是（　　）。

A. URL 传值　　B. JavaScript 脚本方式

C. Cookie 方法　　D. Session 方法

【解析】HTTP 协议中完成页面间的消息传递的方法有以下四种：URL 传值、表单传值、Cookie 方法、Session 方法。

【答案】B

3. 网络服务器中充斥着大量要求回复的信息，消耗带宽，导致网络或系统停止正常服务，这种攻击类型是（　　）。

A. 文件包含　　B. 文件共享

C. 远程过程调用　　D. 拒绝服务

【解析】拒绝服务攻击，是指通过向服务器发送大量垃圾信息或干扰信息的方式，导致服务器无法向正常用户提供服务的现象。

【答案】D

4. CA 中心的主要作用是（　　）。

A. 加密数据　　B. 发放数字证书

C. 安全管理　　D. 解密数据

【解析】CA 中心的主要作用是负责签发和管理数字证书。

【答案】B

5. 下列属于 TCP/IP 模型中物理层网络攻击方法的是（　　）。

A. 网络嗅探　　B. ICMP 攻击

C. TCP 协议攻击　　D. DNS 劫持

【解析】物理层常见的攻击方法有以下三种：硬件地址欺骗、网络嗅探、物理攻击。

【答案】A

6. 下列属于 TCP/IP 模型中网络层网络攻击方法的是（　　）。

A. 网络嗅探　　B. ICMP 协议攻击

C. TCP 协议攻击　　D. DNS 劫持

【解析】网络层的安全威胁有 IP 欺骗和 ICMP 协议攻击。

【答案】B

7. 下列属于 TCP/IP 模型中应用层安全策略的是（　　）。

A. TLS/SSL　　B. VPN

C. URL 过滤　　D. NAT

【解析】TLS/SSL 属于传输层安全策略，VPN 和 NAT 属于网络层安全策略。

【答案】C

8. Windows 主机与 Linux 主机相比，下列说法正确的是（　　）。

A. Windows 主机稳定性高

B. Windows 安全性高

C. Linux 主机安全性高

D. Linux 主机普及性高

【解析】Linux 有更好的稳定性和安全性。

【答案】C

9. 相对于 Windows 操作系统，下列不属于 Linux 操作系统特点的是（　　）。

A. 用户众多　　B. 没有版权

C. 系统稳定　　D. 操作简便

【解析】Linux 相对于其他操作系统具有开源性、没有版权、用户众多的特点，而且系统性能稳定、功能强大、灵活性高。

【答案】D

10. 黑客利用 IP 地址攻击的方法是（　　）。

A. IP 欺骗　　B. ICMP 攻击

C. DNS 劫持　　D. TCP 协议攻击

【解析】IP 欺骗一种黑客的攻击形式，黑客使用一台计算机上网，而借用另外一台机器的 IP 地址，从而冒充另外一台机器与服务器打交道。

【答案】A

11. 涉密计算机安装从互联网下载的来历不明软件存在的泄密隐患主要是（　　）。

A. 被植入“木马”窃密程序

B. 占用计算机系统资源

C. 涉嫌盗版侵权

D. 感染计算机病毒

【解析】下载来历不明的软件存在很容易被植入“木马”窃密程序，从而导致泄密。

【答案】A

12. 定期对系统和数据进行备份，在发生灾难时进行恢复。该机制是为了满足信息安全的属性是（　　）。

A. 真实性　　B. 完整性

C. 不可否认性　　D. 可用性

【解析】信息安全的可用性属性主要体现在保障网络的持续可用和故障恢复时间。

【答案】D

13. 根据《网络安全等级保护条例（征求意见稿)》，负责网络安全等级保护的监督工作的部门是（　　）。

A. 国务院公安部门　　B. 国家网信办

C. 国家安全机关　　D. 国家电信管理部门

【解析】根据《网络安全等级保护条例（征求意见稿)》，国务院公安部门负责网络安全等级保护的监督工作。

【答案】A

14. 关于防火墙的功能，下列描述错误的是（　　）。

A. 防火墙可以检查进出内部网的通信量

B. 防火墙可以使用应用网关技术在应用层上建立协议过滤和转发功能

C. 防火墙可以阻止来自内部的威胁和攻击

D. 防火墙可以使用过滤技术在网络层对数据包进行选择

【解析】防火墙是一种用来加强网络之间访问控制、防止外部网络用户以非法手段通过外部网络进入内部网络访问内部网络资源、保护内部网络操作环境的特殊网络互联设备。

【答案】C

15. 对网络层数据包进行过滤和控制的信息安全技术机制是（　　）。

A. 防火墙　　B. IDS

C. Sniffer　　D. IPSec

【解析】防火墙对两个或多个网络之间传输的数据包和链接方式按照一定的安全策略进行检查，来决定网络之间的通信是否被允许，并监视网络运行状态。防火墙能有效地控制内部网络与外部网络之间的访问及数据传送，从而达到保护内部网络的信息不受外部非授权用户的访问，并过滤不良信息的目的。

【答案】A

16. NAT是指（　　）。

A. 网络地址传输　　B. 网络地址转换

C. 网络地址跟踪　　D. 网络地址解析

【解析】网络地址转换的英文全称为Network Address Translation，缩写为NAT。

【答案】B

17. 专项预案分类依据网络与信息安全事件影响的对象、事件本身性质和响应单位（事件发现、事件处置、事件责任单位）不同划分为四类，下列不属于这四类的是（　　）。

A. 基础环境类　　B. 业务系统类

C. 安全事件类　　D. 综合事件类

【解析】专项预案分类依据网络与信息安全事件影响的对象、事件本身性质和响应单位（事件发现、事件处置、事件责任单位）不同划分为四类，分别为：基础环境类、业务系统类、安全事件类和其他类。

【答案】D

18. 一种加密算法是密钥大小可变的流加密算法，使用面向字节的操作，基于随机交换的使用，这种加密算法是（　　）。

A. RC4　　B. RSA

C. 3DES　　D. AES

【解析】RC4 是密钥大小可变的流加密算法，使用面向字节的操作，这种算法基于随机交换的使用。

【答案】A

19. 根据统计数据表明，网络和信息系统最大的人为安全威胁来自（　　）。

A. 第三方运维开发人员

B. 外部竞争对手

C. 内部人员

D. 黑客

【解析】内部人员掌握大量的核心数据和密码，由于工作人员失误或者内部管理漏洞，工作人员存在过失或者故意信息泄露的可能。

【答案】C

20. 根据税务系统网络安全管理规定，税务部门在与第三方开展合作时，必须与第三方签订的协议是（　　）。

A. 合作意向书　　B. 质量保证书

C. 保密协议书　　D. 完工承诺书

【解析】税务系统网络安全管理规定要求，必须先签订保密协议书，再开展工作。

【答案】C

21. 为防止内部人员对网络进行攻击的最有效的手段是（　　）。

A. 防火墙　　B. VPN（虚拟专用网）

C. 网络入侵检测系统　　D. 加密

【解析】网络入侵检测系统就是对入侵行为的发觉。他通过对计算机网络或计算机系统中若干关键点收集信息并对其进行分析，从中发现网络或系统中是否有违反安全策略的行为和被攻击的迹象。

【答案】C

22. 某 Web 网站向 CA 申请了数字证书。用户登录该网站时，通过验证 CA 的签名，可确认该数字证书的有效性，目的是（　　）。

A. 向网站确认自己的身份

B. 获取访问网站的权限

C. 和网站进行双向认证

D. 验证该网站的真伪

【解析】数字证书中含有公钥对所有者的识别信息，通过验证识别信息的真伪实现对证书持有者身份的认证。

【答案】D

23. 网络安全设计是保证网络安全运行的基础，以下关于网络安全设计原则的描述，错误的是（　　）。

A. 网络安全系统应该以不影响系统正常运行为前提

B. 把网络进行分层，不同的层次采用不同的安全策略

C. 网络安全系统设计应独立进行，不需要考虑网络结构

D. 网络安全的“木桶原则”强调对信息均衡、全面地进行保护

【解析】在对网络安全系统进行设计时，应充分考虑网络结构。

【答案】C

24. 公钥密码体制的基本思想不包括（　　）。

A. 将传统密码的密钥一分为二，分为公钥 PK 和私钥 SK

B. 公钥 PK 由加密方确定，私钥 SK 由解密方确定

C. 由公钥 PK 推出私钥 SK 在计算上是不可行的

D. 公钥 PK 公开，私钥 SK 保密

【解析】用公钥加密的信息只能用相应的私钥解密，用私钥加密的信息只能用公钥解密，私钥只有所有者知道。

【答案】B

25. SSL（Secure Socket Layer）安全套接层是在传输通信协议（TCP/IP）上实现的一种安全协议，SSL 协议主要提供的服务不包括（　　）。

A. 数字签名

B. 认证用户和服务器

C. 加密数据以防止数据中途被窃取

D. 维护数据的完整性

【解析】SSL 协议提供的服务主要有：①认证用户和服务器，确保数据发送到正确的客户机和服务器；②加密数据以防止数据中途被窃取；③维护数据的完整性，确保数据在传输过程中不被改变。

【答案】A

26. 网络安全管理中最核心的要素是（　　）。

A. 技术　　B. 制度

C. 人　　D. 资金

【解析】人是安全管理的关键因素，要培养高素质的安全技术人才，在管理体制上要制定相应安全管理和防范规章制度，严格执行，自觉遵守。

【答案】C

27. 不属于防火墙的主流技术的是（　　）。

A. 包过滤技术　　B. 应用代理技术

C. 状态检测技术　　D. 入侵检测技术

【解析】防火墙的主流技术包括包过滤技术、应用代理技术、状态检测技术、网络地址转换技术等。

【答案】D

28. 黑客利用 IP 地址进行攻击的方法是（　　）。

A. IP 欺骗　　B. 解密

C. 盗取口令　　D. 发送病毒

【解析】黑客利用 IP 地址进行攻击的方法主要用 IP 欺骗。

【答案】A

29. 用户 A 从 CA 获得了用户 B 的数字证书。用户 A 要验证数字证书的真实性应利用的是（　　）。

A. B 的公钥　　B. B 的私钥

C. CA 的公钥　　D. CA 的私钥

【解析】数字证书是由权威机构 CA 发行的，能提供在互联网上进行身份验证的一种权威性电子文档。用户 A 获取用户 B 的数字证书后，通过验证 CA 的签名来确认数字证书的有效性。验证 CA 的签名时使用 CA 的公钥。

【答案】C

30. 在 IE 浏览器中，安全级别最高的区域设置是（　　）。

A. Internet　　B. 本地 Intranet

C. 可信站点　　D. 受限站点

【解析】在 IE 浏览器中，默认情况下区域设置的安全等级从低到高分别是：可信站点、本地 Intranet、Internet 到受限站点。

【答案】D

31. ARP 攻击造成网络无法跨网段通信的原因是（　　）。

A. 发送大量 ARP 报文造成网络拥塞

B. 伪造网关 ARP 报文使得数据包无法发送到网关

C. ARP 攻击破坏了网络的物理连通性

D. ARP 攻击破坏了网关设备

【解析】ARP 攻击就是通过伪造 IP 地址和 MAC 地址实现 ARP 欺骗，它通过伪造网关 ARP 报文与用户通信，从而使得用户数据包无法发送到真正的网关，从而造成网络无法跨网段通信。

【答案】B

32. 下列选项中，防范网络监听最有效的方法是（　　）。

A. 安装防火墙　　B. 采用无线网络传输

C. 数据加密　　D. 漏洞扫描

【解析】采用数据加密的方式保护包括口令和账号在内的信息资料，使得即使网络监听获取密文后也无法解密成明文。

【答案】C

33. 甲和乙要进行通信，甲对发送的消息附加了数字签名，乙收到该消息后利用（　　）验证该消息的真实性。

A. 甲的公钥　　B. 甲的私钥

C. 乙的公钥　　D. 乙的私钥

【解析】数据接收方利用对方的公钥来解读收到的“数字签名”，并将解读结果用于对数据完整性的检验，以确认签名的合法性。

【答案】A

34. 防火墙通常分为内网、外网和 DMZ 三个区域，按照受保护程度，安全级别从高到低正确的排列次序为（　　）。

A. 内网、外网和 DMZ

B. 外网、内网和 DMZ

C. DMZ、内网和外网

D. 内网、DMZ 和外网

【解析】通过防火墙将网络划分为三个区域：安全级别最高的 LAN 区域（内网）、安全级别中等的 DMZ 区域和安全级别最低的 Internet 区域（外网）。

【答案】D

35. 在 PKI 体制中，保证数字证书不被篡改的方法是（　　）。

A. 用 CA 的私钥对数字证书签名

B. 用 CA 的公钥对数字证书签名

C. 用证书主人的私钥对数字证书签名

D. 用证书主人的公钥对数字证书签名

【解析】CA 用自己的私钥对证书进行数字签名，保证数字证书不被篡改以及证书的合法性。

【答案】A

36. 下列攻击行为中，属于典型被动攻击的是（　　）。

A. 拒绝服务攻击　　B. 会话拦截

C. 系统干涉　　D. 修改数据命令

【解析】会话拦截属于被动攻击的一种，其主要特点是收集信息而不是进行访问，数据的合法用户对这种活动一点也不会察觉到。被动攻击包括嗅探、信息收集等攻击方法。

【答案】B

37. 攻击者通过发送一个目的主机已经接收过的报文来达到攻击目的，这种攻击方式属于（　　）。

A. 重放攻击　　B. 拒绝服务

C. 数据截获　　D. 数据流分析

【解析】重放攻击是指攻击者发送一个目的主机已接收过的报文，来达到欺骗系统的目的，主要用于身份认证过程，破坏认证的正确性。

【答案】A

38. 利用报文摘要算法生成报文的主要目的是（　　）。

A. 验证通信对方的身份，防止假冒

B. 对传输数据进行加密，防止数据被窃听

C. 防止发送方否认发送过数据

D. 防止发送的报文被篡改

【解析】对于特定的文件而言，摘要信息是唯一的，不同的文件必将产生不同的信息摘要，可以用来保护数据完整性，防止报文在发送过程中被篡改。

【答案】D

39. 所有资源只能由授权方或以授权的方式进行修改，即信息未经授权不能进行改变。这种特性是指信息的（　　）。

A. 完整性　　B. 可用性

C. 保密性　　D. 不可抵赖性

【解析】完整性要求信息保持其原始状态，不被修改、破坏、插入、延迟或丢失。为了确保信息的完整性，可以采取一系列措施。

【答案】A

40. 目前得以广泛使用的 CA 证书标准是（　　）。

A. x. 509　　B. x. 800

C. x. 30　　D. x. 500

【解析】现今使用的数字证书格式大多遵循 x. 509 标准。

【答案】A

二、多项选择题

1. 下列属于对称分组密码算法的有（　　）。

A. DES　　B. 3DES

C. AES　　D. RC4

【解析】RC4 是流密码。

【答案】ABC

2. 下列属于对称加密方案的有（　　）。

A. 明文　　B. 加密算法

C. 解密算法　　D. 秘密密钥

【解析】一个对称加密方案由五部分组成：①明文；②加密算法；③秘密密钥；④密文；⑤解密算法。

【答案】ABCD

3. 拒绝服务攻击的后果有（　　）。

A. 信息不可用　　B. 应用程序不可用

C. 系统宕机　　D. 阻止通信

【解析】拒绝服务攻击即是攻击者想办法让目标机器停止提供服务，是黑客常用的攻击手段之一。其实对网络带宽进行的消耗性攻击只是拒绝服务攻击的一小部分，只要能够对目标造成麻烦，使某些服务被暂停甚至主机死机，都属于拒绝服务攻击。

【答案】ABCD

4. HTTP 协议中完成页面间的消息传递的方法有（　　）。

A. URL 传值　　B. 表单传值

C. Cookie 方法　　D. Session 方法

【解析】HTTP 协议中完成页面间的消息传递的方法有四种：URL 传值、表单传值、Cookie 方法、Session 方法。

【答案】ABCD

5. TCP/IP 模型中，网络层常用的安全对策有（　　）。

A. IP 过滤　　B. ICMP 攻击

C. 虚拟专用网（VPN）　　D. IP 安全（IPSec）

【解析】网络层常用的安全对策有以下几种：①IP 过滤；②网络地址转换（NAT）；③虚拟专用网（VPN）；④IP 安全（IPSec）。ICMP 攻击属于网络层面临的威胁。

【答案】ACD

6. 远程控制网络安全策略有（　　）。

A. SSH　　B. HTTPS

C. FTPS　　D. IPSec

【解析】IPSec 是一种专为 IPv6 设计的支持加密和验证的协议。

【答案】ABC

7. 对系统进行日志记录之后要通过分析这些数据对系统环境进行监控。具体的操作有（　　）。

A. 记录保留时间

B. 建立正常行为基准

C. 监测异常行为

D. 设置报警系统

【解析】对系统进行日志记录之后要通过分析这些数据对系统环境进行监控。具体有建立正常行为基准和监测异常行为两个操作。

【答案】BC

8. 网络级物理隔离技术有（　　）。

A. 隔离集线器

B. 单硬盘物理隔离

C. 互联网信息转播服务器

D. 隔离服务器

【解析】单硬盘物理隔离属于用户级物理隔离。

【答案】ACD

9. 网络安全的基础属性有（　　）。

A. 机密性　　B. 可用性

C. 完整性　　D. 开放性

【解析】网络安全的基本属性是：①机密性，是指保证信息与信息系统不被非授权者所获取与使用；②完整性，是指信息是真实可信的；③可用性，是指保证信息与信息系统可被授权人正常使用。

【答案】ABC

10. 目前灾难备份中心的建设模式有（　　）。

A. 灾难快速响应模式

B. 自建灾难备份中心模式

C. 共建灾难备份中心模式

D. 服务外包模式

【解析】目前，灾难备份中心的建设模式有以下三种：①自建灾难备份中心模式；②共建灾难备份中心模式；③服务外包模式。

【答案】BCD

11. 数据备份技术主要包括（　　）。

A. 基于磁盘系统的灾难备份技术

B. 基于软件方式的灾难备份技术

C. 其他灾难备份技术解决方案

D. 基于中间件的灾难备份技术

【解析】数据备份技术主要包括基于磁盘系统的灾难备份技术、基于软件方式的灾难备份技术和其他灾难备份技术解决方案三类。

【答案】ABC

12. 对需要备份的数据内容采用（　　）。

A. 全备份　　B. 增量备份

C. 热备份　　D. 差分备份

【解析】对需要备份的数据内容采用全备份、增量备份或差分备份。

【答案】ABD

13. 根据备份模式，可采用（　　）。

A. 热备份　　B. 全备份

C. 差分备份　　D. 冷备份

【解析】根据备份模式，可采用两种途径，即热备份和冷备份。

【答案】AD

14. 内网计算机非法连接外部网络的形式有（　　）。

A. 通过插头转换方式切换内外网

B. 通过无线网卡接入互联网

C. 使用隔离卡切换连接内外网

D. 在内网计算机使用双网卡

【解析】使用隔离卡切换连接内外网符合规范。

【答案】ABD

15. 应急演练内容设置应遵循的原则包括（　　）。

A. 依据应急响应预案设置应急演练内容，使预案中规定的内容得到较全的测试

B. 保证演练参与人员的广泛性，使应急响应人员的能力得到全面提高

C. 演练内容的设置应尽量减少或避开对生产系统和现实工作的影响

D. 演练内容的设置应使演练成果便于推广

【解析】以上四个选项均是应急演练内容设置遵循的内容。

【答案】ABCD

16. 基于网络的 IDS 主要优点有（　　）。

A. 实施成本低、隐蔽性好

B. 监测速度快

C. 操作系统无关性

D. 防入侵欺骗的能力强，容易定位入侵者

【解析】基于网络的 IDS 主要优点：实施成本低、隐蔽性好、监测速度快、视野更宽、操作系统无关性、攻击者不易转移证据。基于网络的 IDS 主要缺点：只能监视本

网段的活动，精确度不高；在交换网络环境下无能为力；对加密数据无能为力；防入侵欺骗的能力也比较差；难以定位入侵者。

【答案】ABC

17. 防火墙是通过有机结合各类用于安全管理与筛选的软件和硬件设备，防火墙系统应具备的条件有（　　）。

A. 内部和外部之间的所有网络数据流必须经过防火墙

B. 只有符合安全策略的数据流才能通过防火墙

C. 防火墙自身应对渗透免疫

D. 防火墙可以代替防病毒软件

【解析】内部和外部之间的所有网络数据流必须经过防火墙，否则就失去了防火墙的主要意义；只有符合安全策略的数据流才能通过防火墙，这也是防火墙的主要功能——审计和过滤数据；防火墙自身应对渗透免疫，如果防火墙自身都不安全，就更无法保护内部网络的安全。防火墙在一定程度上可以防范病毒的传播和入侵，但它并不是专门用来检测和清除病毒的工具，目前无法替代防病毒软件。

【答案】ABC

18. 税务系统对于第三方人员管理，下列说法正确的有（　　）。

A. 合作开始前需要签订保密协议

B. 接入税务部门专网需要经过申请审核

C. 合作到期需要及时撤销访问权限

D. 定期进行网络安全意识教育

【解析】按照税务总局网络安全管理规定，需要严格控制第三方人员的安全管理。合作前需签订保密协议，控制其访问权限，定期进行网络安全教育培训，合作结束后清理相关资料和访问权限。

【答案】ABCD

19. Outlook Express 作为邮件代理软件有诸多优点。以下说法中，正确的有（　　）。

A. 可以脱机处理邮件

B. 可以管理多个邮件账号

C. 可以使用通信簿存储和检索电子邮件地址

D. 不能发送和接收安全邮件

【解析】Outlook Express 有以下一些优点：可以脱机处理邮件，有效利用联机时间，降低上网费用；可以管理多个邮件账号，在同一个窗口中使用多个邮件账号；可以使用通信簿存储和检索电子邮件地址；可以在邮件中添加个人签名或信纸，发送和接收安全邮件。

【答案】ABC

20. 人为的恶意攻击分为被动攻击和主动攻击。在以下攻击类型中，属于被动攻击的是（　　）。

A. 数据窃听

B. 数据篡改及破坏

C. 电磁或射频截获

D. 数据流分析

【解析】主动攻击通常有既定的攻击目标，涉及修改数据流或创建错误的数据流，包括假冒、重放、修改信息和拒绝服务等。被动攻击主要是收集信息而不是进行访问，包括嗅探、信息收集等方法。

【答案】ACD

21. 以下关于拒绝服务攻击的叙述中，正确的有（　　）。

A. 拒绝服务攻击的目的是使计算机或者网络无法提供正常的服务

B. 拒绝服务攻击是不断向计算机发起请求来实现的

C. 拒绝服务攻击会造成用户密码的泄露

D. DDoS 是一种拒绝服务攻击形式

【解析】拒绝服务攻击是指不断对网络服务系统进行干扰，执行无关程序，使系统响应减慢直至瘫痪，合法用户的正常请求将不被响应。DDoS 是分布式拒绝服务的英文缩写。

【答案】ABD

22. 以下属于防火墙具备的功能有（　　）。

A. 记录访问过程　　B. 查毒

C. 包过滤　　D. 服务器代理

【解析】防火墙通过对流经的数据流进行分析和检查，可实现对数据包的过滤、保存用户访问网络的记录和服务器代理功能。防火墙不具备检查病毒的功能。

【答案】ACD

23. 以下属于数字签名作用的有（　　）。

A. 接收者可验证消息来源的真实性

B. 发送者无法否认发送过该消息

C. 接收者无法伪造或篡改消息

D. 可验证接收者的合法性

【解析】数字签名是信息的发送者才能产生的，别人无法伪造的一段数字串，这段数字串同时也是对信息的发送者发送信息真实性的一个有效证明。数字签名不能验证接收者的合法性。

【答案】ABC

24. 属于入侵检测技术的有（　　）。

A. 专家系统　　B. 模型检测

C. 简单匹配　　D. 漏洞扫描

【解析】入侵检测技术包括专家系统、模型检测、简单匹配、统计分析等。漏洞扫描是另外一种安全防护策略。

【答案】ABC

25. 下列协议中，与安全电子邮箱服务相关的有（　　）。

A. SSL　　B. HTTPS

C. MIME　　D. PGP

【解析】SSL 和 HTTPS 涉及邮件传输过程的安全。PGP 是一套用于信息加密、验证的应用程序，可用于加密电子邮件内容。MIME 是一个互联网标准，扩展了电子邮件标准，与安全无关。

【答案】ABD

26. 下列算法中，属于非对称加密算法的有（　　）。

A. ECC　　B. DSA

C. RSA　　D. DES

【解析】非对称加密算法又称为公开密钥加密算法，需要一对密钥，一个是私钥，一个是公钥。常见的非对称加密算法有 RSA、ECC、DSA、DH 等。DES 是典型的对称加密算法。

【答案】ABC

27. 以下关于认证和加密的叙述中，正确的有（　　）。

A. 加密用以确保数据的保密性

B. 认证用以确保报文发送者和接收者的真实性

C. 认证和加密都可以阻止对手进行被动攻击

D. 身份认证的目的在于识别用户的合法性，阻止非法用户访问系统

【解析】被动攻击主要是收集信息而不是进行访问，包括嗅探、信息搜集等。加密可以阻止被动攻击。认证用于解决网络通信双方的身份认可，是防止主动攻击的技术，无法防止被动攻击。

【答案】ABD

28. 计算机病毒的特征包括（　　）。

A. 传染性　　B. 触发性

C. 隐蔽性　　D. 自毁性

【解析】计算机病毒具有隐蔽性、传染性、潜伏性、触发性和破坏性等特点。自毁

性不属于计算机病毒的特征。

【答案】ABC

29. 访问控制是对信息系统资源进行保护的重要措施，适当的访问控制能够阻止未经允许的用户无意地获取资源。在计算机系统中，访问控制的任务包括（　　）。

A. 审计　　B. 授权

C. 确定存取权　　D. 实施存取权限

【解析】访问控制是指防止对计算机及计算机系统进行非授权访问和存取。主要采用两种方式实现：一种是限制访问系统的人员，另一种是限制进入系统的用户所能做的操作。

【答案】BCD

30. 在网络安全管理中，加强内务内控可采取的策略有（　　）。

A. 控制终端接入数量

B. 终端访问授权，防止合法终端越权访问

C. 加强终端的安全检查与策略管理

D. 加强员工上网行为管理与违规审计

【解析】内务内控管理主要是为了管理内部网络，防止越权访问，以及内部泄露信息。因此，可采取的策略有：终端访问授权，防止合法终端越权访问；加强终端的安全检查与策略管理；加强员工上网行为管理与违规审计。

【答案】BCD

31. 在设置有 DMZ 的防火墙系统中，服务器放置策略不正确的有（　　）。

A. 财务软件服务器放置在 DMZ，Web 服务器放置在内网

B. Web 服务器、电子商务服务器放置在 DMZ，财务软件服务器放置在内网

C. Web 服务器、财务软件服务器放置在 DMZ，电子商务服务器放置在内网

D. Web 服务器、电子商务服务器、财务软件服务器都放置在 DMZ

【解析】DMZ（非军事区）是周边防御网段，它受到安全威胁不会影响内部网络，是放置公共信息的最佳位置，通常把 WWW、FTP、电子邮件、电子商务等服务器都存放在该区域。要保证公司的商业机密避免外部网络的用户直接访问，所有具有商业机密的数据库都服务都应该放在内部网络中，以确保安全。

【答案】ACD

32. 用于保护整个网络的 IPS 系统通常部署的位置有（　　）。

A. 网络边界　　B. 网络核心

C. 边界防火墙内　　D. 业务终端上

【解析】用于保护整个网络的 IPS 系统通常部署在网络边界、网络核心、边界防火墙内。

【答案】ABC

33. 预防信息篡改的主要方法包括（　　）。

A. 使用 VPN 技术　　B. 明文加密

C. 数据摘要　　D. 数字签名

【解析】预防信息篡改的方法主要包括使用加密技术、数据摘要、数字签名等手段。

【答案】BCD

三、判断题

1. 我国信息系统的安全保护等级分为六级。（　　）

【解析】我国的信息系统的安全保护等级分为五级。

【答案】错误

2. 研究密码变化的客观规律，应用于编制密码以保守通信秘密的，称为编码学。（　　）

【解析】略。

【答案】正确

3. 流密码也称序列密码，它是非对称密码算法的一种。（　　）

【解析】流密码也称序列密码，它是对称密码算法的一种。

【答案】错误

4.《网上申报系统专项应急预案》属于业务系统类专项预案。（　　）

【解析】《网上申报系统专项应急预案》属于业务系统类专项预案。

【答案】正确

5. 基于磁盘系统方式的灾难备份技术是基于操作系统级的灾难备份解决方案。（　　）

【解析】基于软件方式的灾难备份技术是基于操作系统级的灾难备份解决方案。

【答案】错误

6. 主动攻击的本质是窃听或监视数据传输，攻击者的目标是获取传输的数据信息。对付主动攻击的重点是防范而不是检测。（　　）

【解析】对付被动攻击的重点是防范而不是检测。防范主动攻击很困难，需要一直对所有通信设备和路径进行物理保护，检测主动攻击并恢复主动攻击造成的损坏和延迟却是可行的。

【答案】错误

7. 内网计算机不得安装无线键盘、无线鼠标、无线网卡等无线互联功能的外围设备。（　　）

【解析】略。

【答案】正确

8. 税务信息系统等级保护最高为三级。 ( )

【解析】税务信息系统等级保护最高为五级。

【答案】错误

9. 浏览器缓存和上网历史记录能完整还原用户访问互联网的详细信息，并反映用户的使用习惯、隐私等。因此应当定期清理这些信息以避免他人获得并造成隐私泄密。 ( )

【解析】略。

【答案】正确

10. 税务干部老李的内网计算机终端操作系统补丁升级失败，为保证安全性，管理员小王将该内网计算机接入互联网升级操作系统补丁，升级成功后接回内网。 ( )

【解析】内网计算机任何情况下，都不得接入互联网。接入后可能被植入木马、病毒，对税务内网产生威胁。

【答案】错误

11. 网络安全的基本属性包括完整性、可用性和安全性。 ( )

【解析】网络安全的基本属性包括完整性、可用性和保密性。

【答案】错误

12. 信息系统授权应当遵循权限最小化的原则。 ( )

【解析】信息系统的授权管理实行权限分散原则，各岗位操作权限要严格按岗位职责设置，实行相互制约、最低授权原则。

【答案】正确

13. SQL 注入攻击的基本思想就是在用户输入中注入一些额外的特殊字符或者 SQL 语句，使系统构造出来的 SQL 语句在执行时改变查询条件，或者附带执行攻击者注入的 SQL 语句。 ( )

【解析】SQL 注入攻击就是攻击者注入额外的特殊字符和 SQL 语句，根据程序返回的结果，获得某些想知道的数据。

【答案】正确

14. 在非对称密码体制下，加解密时分别使用两个不同的密钥，如果知道一个密钥，可以由这个密钥推知另一个密钥。 ( )

【解析】在非对称密码体制下，加解密时分别使用两个不同的密钥，由这个密钥推知另一个密钥，在计算上是不可能的。

【答案】错误

15. RC5 适合对大量的明文消息进行加密传输。 ( )

【解析】RC5 是对称加密算法，适合直接对大量明文直接加密，效率比非对称加密高。

【答案】正确

16. Kerberos 是基于非对称加密的认证协议。 （ ）

【解析】Kerberos 的验证是建立在对称加密（DES）的基础上的。

【答案】错误

17. 只有得到允许的人才能修改数据，并能判断出数据是否已被篡改。这句话体现了信息安全的可控性。 （ ）

【解析】信息安全的基本要素包括保密性、完整性、可用性、可控性与可审查性。其中，完整性表现为只有得到允许的人才能修改数据，并能够判别出数据是否已被篡改。可控性表现为可以控制授权范围内的信息流向及行为方式。

【答案】错误

18. PGP 是一种用于电子邮件加密的工具，使用 MD5 验证报文完整性。 （ ）

【解析】略。

【答案】正确

19. 当发现主机受到 ARP 攻击时需清除 ARP 缓存，使用的命令是 arp-a。 （ ）

【解析】清除 ARP 缓存，使用的命令是 arp-d。arp-a 是查看本地区域网络上的主机信息使用的命令。

【答案】错误

20. 为防止 www 服务器与浏览器之间传输的信息被窃听，可使用 SSL 对传输的信息进行加密。 （ ）

【解析】SSL 是一个安全协议，它能够为采用 TCP/IP 的通信应用程序提供隐私保护与完整性保障。

【答案】正确

21. 宏病毒一般感染以 . DOC 为扩展名的文件。 （ ）

【解析】宏病毒是一种寄存在文档或模板的宏中的计算机病毒，主要感染 Word、Excel 等 Office 应用程序的文件。

【答案】正确

22. 防火墙工作层次越低，工作效率越高，但安全性越低。 （ ）

【解析】一般来说，工作层次越低，对数据包的处理越简单，从而工作效率越高；但同时也意味着对潜在安全风险的识别和防御能力减弱，安全性就低了。

【答案】错误

23. TLS 安全协议用于保护 Web 通信。 （ ）

【解析】TLS 用于保护 Web 通信，确保数据在传输过程中的机密性和完整性。

【答案】正确

24. 涉及国家秘密的计算机信息系统不得直接或间接与国际互联网或其他公共信息网络联接，必须实行物理隔离。（ ）

【解析】涉及国家秘密的信息，包括在对外交往与合作中经审查、批准与境外特定对象合法交换的国家秘密信息，不得在国际联网的计算机信息系统中存储、处理、传递。

【答案】正确

25. 信息安全管理最应关注的是内部恶意攻击。（ ）

【解析】内部恶意攻击可能来自组织内部的员工或系统用户，造成的损害可能更为严重。因此，需要信息安全管理重点关注。

【答案】正确

26. 用户收到了一封可疑的电子邮件，要求用户提供银行账户及密码，这属于暗门攻击。（ ）

【解析】钓鱼攻击是一种常见的网络攻击手段，攻击者通过发送伪造的来信，通常以银行、支付平台等金融机构的名义，诱导用户提供个人信息，如银行账户、密码等敏感信息。暗门攻击是在特定条件出现时才会发生的网络攻击手段。

【答案】错误

27. 通过向目标系统发送有缺陷的 IP 报文，使得目标系统在处理这样的 IP 报文时会出现崩溃，这种攻击属于拒绝服务攻击。（ ）

【解析】畸形报文攻击是通过向目标设备发送有缺陷的 IP 报文，使得目标设备在处理这样的 IP 报文时出错和崩溃，从而影响目标设备承载的业务正常运行。拒绝服务攻击是恶意行为者通过中断设备的正常功能，使其目标用户无法使用计算机或其他设备。

【答案】错误

28. 在建立堡垒主机时，在堡垒主机上应设置尽可能少的网络服务。（ ）

【解析】由于堡垒机完全暴露于外网攻击之下，为减少潜在的安全风险，应在堡垒机上设置尽可能少的网络服务。

【答案】正确

29. 在入侵检测的基础上，锁定涉嫌非法使用的用户，并限制和禁止该用户的使用，这种访问安全控制是权限控制。（ ）

【解析】在入侵检测的基础上，锁定涉嫌非法使用的用户，这种做法属于网络检测控制。

【答案】错误

30. 在网络安全中，中断指攻击者破坏网络系统的资源，使之变成无效的或无用

的，这是对可用性的攻击。 （　　）

【解析】中断攻击是一种网络安全攻击方式，其核心特征在于攻击者通过破坏或禁用网络系统的关键资源，如硬件、通信线路或文件管理系统，从而使得这些资源无法正常使用，导致系统的可用性受到严重影响。

【答案】正确

四、案例分析题

1. 为深入学习领会习近平总书记关于网络安全的系列重要讲话精神，贯彻落实《中华人民共和国网络安全法》《中华人民共和国数据安全法》《中华人民共和国个人信息保护法》等相关法律要求，税务系统在税务总局的领导下将网络安全工作纳入税收工作全局进行统筹部署，全体税务干部切实做到“学网、懂网、用网”，强化网络安全意识，压实网络安全责任，守住网络安全底线，从严从实从细做好税务网络安全工作，为税收现代化建设保驾护航。各级税务部门以组织安全检查、开展专项治理、强化基础管理、完善应急机制为抓手，提升网络安全意识，落实安全管理责任，为税收现代化建设营造安全稳定的网络环境。

根据以上资料，回答以下问题。

（1）根据相关法律法规，不需要税务机关保密的纳税人信息是（　　）。（单选）

A. 纳税人2023年第二季度接受发票明细数据

B. 纳税人2022年度财务报表数据

C. 某地税务局辖区内企业法人身份信息及联系方式清册

D. 纳税人因逃避缴纳税款被稽查处罚记录

【解析】企业依法受行政处罚的信息不是企业的隐私，企业对此没有隐私权。

【答案】D

（2）依据税务系统网络安全检查工作规程，按照网络安全检查的工作方式或组织方式不同，属于网络安全检查工作方式的有（　　）。（多选）

A. 安全抽查　　B. 交叉互查

C. 日常检查　　D. 安全抽查

【解析】按照网络安全检查的工作方式或组织方式不同，网络安全检查工作可细分为五种：安全自查、交叉互查、专项检查、日常检查、安全抽查。

【答案】ABCD

（3）网络安全等级保护2.0，是指在原有网络安全等级保护基础上，更加强调网络安全风险管理。网络安全等级保护2.0启动的标志是（　　）。（单选）

A.《中华人民共和国网络安全法》的正式实施

B.《中华人民共和国数据安全法》的正式实施

C.《中华人民共和国个人信息保护法》的正式实施

D.《中华人民共和国计算机信息系统安全保护条例》的正式实施

【解析】《中华人民共和国网络安全法》明确“国家实行网络安全等级保护制度”，“在网络安全等级保护制度的基础上，实行重点保护”。上述要求为网络安全等级保护赋予了新的含义。

【答案】A

（4）税务总局网络安全检查组对某省税务局的抽查中，该省税务局做法不符合法律规范的是（　　）。（单选）

A. 外网防火墙日志记录保存 2 个月

B. 关键信息基础设施建设遵循“同步规划、同步建设、同步使用”原则

C. 在申报期内，制定《征期维稳应急工作预案》，并开展模拟演练

D. 就该省使用的应用系统向公安部门备案、定级

【解析】网络运营者应当按照规定留存相关的网络日志不少于 6 个月。

【答案】A

（5）日常工作中，下列行为不符合安全管理规范的是（　　）。（多选）

A. 使用外网即时通信工具传输税收数据

B. 第三方运维人员经过审批进入机房

C. 使用堡垒机等安全设备实现对下发数据库的访问

D. 个人笔记本电脑接入税务专网

【解析】不得使用即时通信工具传输敏感数据；内外网不得混用，个人计算机不得接入税务专网。

【答案】AD

2. 请问在日常计算机或电子设备的使用过程中，哪些情况会导致违规外联问题？采取哪些措施可以有效预防违规外联问题？

【答案】会导致违规外联问题发生的情况有：

（1）内网计算机安装双网卡或双操作系统进行内外网切换。

（2）内网计算机与智能设备相连，用于充电或整理资料。

（3）将内网计算机送外单位维修，外单位维修计算机时接入互联网。

（4）将内、外网线同时接入交换机。

（5）私自拆卸或混用内网计算机硬盘。

（6）通过切换网线、使用无线网络等方式将内网计算机连接到互联网。

（7）内网计算机未经技术处理直接接到外网使用。

有效预防违规外联的措施有：

（1）利用安全策略防止内外网计算机混用导致违规外联事件。

（2）明确区分内外网用计算机，对不同内外网用途的网线、网络设备等重要部位作出明显标示。

（3）加强培训、提高认识，明确违规外联的方式和造成的危害。

（4）加强监控、定期检查，防止发生“一机两用”“内外网混用”的情况。

3. 发现涉密计算机信息系统泄密后如何进行处理？

【答案】保护现场，备份数据，上报有关部门。分析造成泄密的原因，提供补救方案和措施。

4. 安全管理制度是信息安全管理的重要组成部分，一般从安全策略、安全预案、安全检查、安全改进等方面进行制度建设和规划。

某天，网络管理员发现 Web 服务器访问缓慢，无法正常响应用户请求，通过检查发现该服务器 CPU 和内存资源使用率很高、网络带宽占用率很高。管理员进一步查询日志，发现该服务器与外部未知地址有大量的 UDP 连接和 TCP 半连接。网络管理员使用检测软件对 Web 服务器进行安全测试，下图为测试结果的片段信息。

```
D:\sqlmap > Sqlmap. py-u “http://ww. xxx. cam/mg/login. action”-ptalenttype
-dbs-batch-leyel 3-risk 2-random-agent
[21:18:35][INFO] testing connection to the terget URL
    Sqlmap identified the following injection point(s) with atotal of 296 HTTP(s) re-
quests:
Parametertalenttype (GET)
Type:boolean-based blind
Title:AND boolean-based blind-WHERE or HAVING clause
Payload:talenttype ='|' AND 5707 =5707 AND'00wB' = '00wB'
[21:20:03][INFO]testing MySQL
[21:20:03][INFO]confirming MySQL
[21:20:03][INFO] the back-end DBMS is MySQL
web application technology:Apache 2. 4. 20
back-end DBMS:MySQL > =5. 0. 0
Available database [6]:
[ * ]ecp
[ * ]information_schema
[ * ]mysql
```

[*] performance_schema

[*] sys

[*] webData

根据以上资料，请回答以下问题。

（1）下列选项中，定义安全管理机构、等级划分、汇报处置、处置操作、安全演练等内容的是（　　）。（单选）

A. 安全策略　　B. 安全预案

C. 安全检查　　D. 安全改进

【解析】安全预案是为应对网络与信息安全突发公共事件的应急处理工作，而编制的信息系统安全应急处置方案，包括定义安全管理机构、等级划分、汇报处置、处置操作、安全演练等内容。

【答案】B

（2）根据资料描述，下列选项属于服务器可能受到的攻击的有（　　）。（多选）

A. SYN Flood 型 DDos 攻击

B. UDP Flood 型 DDos 攻击

C. SQL 注入攻击

D. 跨站脚本攻击

【解析】SYN Flood 型 DDos 攻击端利用伪造的 IP 地址向被攻击端发出请求，使得被攻击端发出的响应报文发送不到目的地，会造成 3 次握手无法完成，此时连接处于半连接状态。UDP Flood 型 DDos 攻击通过向被攻击端发送大量的 UDP 报文堵塞网络。

【答案】AB

（3）针对服务器遭受的攻击，可以部署防护的设备是（　　）。（单选）

A. 抗 DDos 防火墙　　B. Web 防火墙

C. 入侵检测系统　　D. 漏洞扫描系统

【解析】抗 DDoS 防火墙等专用设备，通过对数据包的特征识别、端口监视、流量信息监控等手段，阻断非法链接。

【答案】A

（4）Web 服务器存在的安全漏洞是（　　）。（单选）

A. 路径访问　　B. 弱口令

C. SQL 注入　　D. 源程序代码漏洞

【解析】网络管理员使用 Sqlmap 测试工具，对 Web 服务器进行测试，从测试结果来看，Web 系统存在 SQL 注入漏洞。

【答案】C

（5）针对 Web 服务器存在的安全漏洞，可以采取的措施有（　　）。（多选）

A. 部署 Web 防火墙（WAF）

B. 抗 DDos 防火墙

C. 输入验证和过滤

D. 使用参数化查询

【解析】针对 SQL 注入攻击，可以部署 Web 防火墙（WAF）、尽量使用存储过程、对输入进行验证和过滤，以及使用参数化查询等措施来防范。

【答案】ACD

错题、要点整理页

第五章　数据库管理与应用

>> 本章知识框架

节	细目	知识点	学习进度
数据库技术	数据库基本概念	【知识点 1】数据和信息	
		【知识点 2】数据库	
		【知识点 3】数据库管理系统	
		【知识点 4】数据库系统	
		【知识点 5】数据管理技术发展历程	
	数据库的体系结构	【知识点 1】数据库体系结构	
		【知识点 2】三级模式	
		【知识点 3】两种映射	
	数据模型	【知识点 1】数据模型的概念	
		【知识点 2】三类数据模型	
		【知识点 3】数据模型的组成要素	
		【知识点 4】概念模型	
		【知识点 5】最常用的数据模型	
	关系数据库	【知识点 1】关系数据库基本概念	
		【知识点 2】关系数据库的体系结构	
		【知识点 3】关系模型的完整性规则	
结构化查询语言 SQL	SQL 概述	【知识点 1】SQL 的概念	
		【知识点 2】SQL 语言的特点	
		【知识点 3】SQL 命令的分类	

续表

节	细目	知识点	学习进度
结构化查询语言 SQL	SQL 概述	【知识点 4】SQL 支持三级模式结构	
		【知识点 5】SQL 会话	
		【知识点 6】SQL 基本数据类型	
	定义表	【知识点 1】创建表	
		【知识点 2】修改表	
		【知识点 3】删除表	
	数据查询	【知识点 1】SELECT 语句	
		【知识点 2】常用操作符	
		【知识点 3】连接查询（多表查询）	
		【知识点 4】嵌套查询	
		【知识点 5】集合查询	
	数据更新	【知识点 1】插入数据	
		【知识点 2】修改数据	
		【知识点 3】数据删除	
	视图	【知识点 1】视图的概念	
		【知识点 2】视图的作用	
		【知识点 3】定义视图	
		【知识点 4】查询视图	
		【知识点 5】更新视图	
		【知识点 6】删除视图	
	索引	【知识点 1】索引概述	
		【知识点 2】索引的创建	
		【知识点 3】修改索引	
		【知识点 4】删除索引	
	数据控制	【知识点 1】数据控制语言	
		【知识点 2】数据库权限	
		【知识点 3】控制用户访问	
		【知识点 4】通过角色控制权限	

续表

节	细目	知识点	学习进度
税务系统常用数据库	Oracle 数据库体系结构	【知识点 1】 Oracle 体系结构	
		【知识点 2】 实例的概念	
		【知识点 3】 系统全局区	
		【知识点 4】 程序全局区	
		【知识点 5】 用户全局区	
		【知识点 6】 Oracle 数据库逻辑存储结构	
		【知识点 7】 Oracle 数据库物理存储结构	
		【知识点 8】 Oracle 关键进程	
		【知识点 9】 数据字典简介	
		【知识点 10】 数据字典的组成	
		【知识点 11】 Oracle 数据库连接模式	
	Oracle 数据库存储管理	【知识点 1】 存储结构	
		【知识点 2】 控制文件管理	
		【知识点 3】 重做日志文件管理	
		【知识点 4】 表空间管理	
		【知识点 5】 数据文件管理	
	MySQL 数据库	【知识点 1】 MySQL 数据库简介	
		【知识点 2】 MySQL 数据库体系结构	
		【知识点 3】 MySQL 数据库存储引擎	
	人大金仓数据库	【知识点】 人大金仓数据库简介	
数据挖掘	数据库挖掘概述	【知识点 1】 数据挖掘的定义	
		【知识点 2】 数据挖掘方法	
		【知识点 3】 数据源	
	数据仓库	【知识点 1】 数据仓库的概念	
		【知识点 2】 数据仓库建模	
		【知识点 3】 数据仓库的设计	
		【知识点 4】 数据仓库的实现	
		【知识点 5】 ETL	
		【知识点 6】 OLTP 和 OLAP	

续表

节	细目	知识点	学习进度
数据挖掘	数据挖掘常用方法	【知识点 1】分类	
		【知识点 2】回归分析	
		【知识点 3】聚类分析	
		【知识点 4】关联规则	
大数据	大数据概述	【知识点 1】大数据的概念	
		【知识点 2】大数据计算模式	
		【知识点 3】大数据技术	
	大数据处理架构 Hadoop	【知识点 1】Hadoop 简介	
		【知识点 2】Hadoop 生态系统	
	大数据存储与管理	【知识点 1】HDFS 简介	
		【知识点 2】HDFS 的优点	
		【知识点 3】HDFS 的缺点	
		【知识点 4】HDFS 相关概念	
		【知识点 5】HDFS 的存储原理	
		【知识点 6】HBase 数据库概念	
		【知识点 7】HBase 数据模型	
		【知识点 8】HBase 实现原理	
	NoSQL 数据库	【知识点 1】NoSQL 的概念	
		【知识点 2】NoSQL 的特点	
		【知识点 3】NoSQL 的不足	
		【知识点 4】NoSQL 存储方式	
	大数据处理技术	【知识点 1】MapReduce	
		【知识点 2】MapReduce 工作流程	
		【知识点 3】流计算的概念	
	大数据分析技术	【知识点 1】机器学习	
		【知识点 2】预测性分析	
		【知识点 3】数据可视化	

续表

节	细目	知识点	学习进度
人工智能	人工智能相关概念	【知识点 1】人工智能的定义	
		【知识点 2】人工智能的分类	
		【知识点 3】人工智能主要研究内容	
		【知识点 4】人工智能的应用	
	机器学习	【知识点 1】机器学习的概念	
		【知识点 2】机器学习的分类	
		【知识点 3】强化学习	
		【知识点 4】机器学习常用算法	
	深度学习	【知识点 1】深度学习的概念	
		【知识点 2】感知机	
		【知识点 3】卷积神经网络	
		【知识点 4】循环神经网络	
		【知识点 5】生成对抗网络	
		【知识点 6】深度学习应用场景	
		【知识点 7】深度学习应用成果	

>> 习题演练

一、单项选择题

1. 数据库系统从内到外分为三个层次，分别称为内模式、模式和外模式。其中模式又称（　　）。

A. 子模式　　B. 用户模式

C. 概念模式　　D. 存储模式

【解析】模式又称概念模式；内模式又称存储模式；外模式又称子模式或用户模式。

【答案】C

2. （　　）是面向数据库用户的现实世界的数据模型，主要用来描述世界的概念化结构。

A. 概念数据模型　　B. 逻辑数据模型

C. 物理数据模型　　　　D. 关系数据模型

【解析】概念数据模型是面向数据库用户的现实世界的数据模型，主要用来描述世界的概念化结构。

【答案】A

3. 在数据库技术中，独立于计算机系统的模型是（　　）。

A. 面向对象的模型　　　　B. 关系模型

C. E-R 模型　　　　D. 层次模型

【解析】数据模型可分为两个级别，一个是独立于计算机系统的模型，称为概念模型；另一个是直接面向数据库的逻辑结构，称为实施模型。概念模型最常用的是 E-R 模型。

【答案】C

4. ALTER TABLE 属于（　　）。

A. 数据定义语言（DDL）

B. 数据操作语言（DML）

C. 数据查询语言（DQL）

D. 数据控制语言（DCL）

【解析】数据定义语言（DDL）用于创建和重构数据库对象，如定义和改变表的结构、数据类型、表之间的约束等，ALTER TABLE 属于修改表结构，因此属于数据定义语言（DDL）。

【答案】A

5. 数据仓库通常使用（　　），因为它能对多个主题建模。

A. 星型模式　　　　B. 雪花模式

C. 网状模式　　　　D. 星系模式

【解析】数据仓库通常使用星型模式，因为它能对多个主题建模。

【答案】A

6. 决策树学习是以实例为基础的归纳学习算法，属于（　　）的一种。

A. 分类　　　　B. 回归分析

C. 聚类分析　　　　D. 关联规则

【解析】决策树是用于分类和预测的主要技术之一。

【答案】A

7. HBase 数据库使用类似（　　）的三层结构来保存 Region 位置信息。

A. B + 树　　　　B. B – 树

C. 哈希树　　　　D. 堆

【解析】HBase 使用类似 B + 树的三层结构来保存 Region 位置信息。

【答案】A

8. 下列属于键值数据库的缺点的是（　　）。

A. 无法存储结构化信息、条件查询效率较低

B. 功能较少，大都不支持强事务一致性

C. 缺乏统一的查询语法

D. 其复杂性高，只能支持一定的数据规模

【解析】键值数据库的缺点是无法存储结构化信息、条件查询效率较低。

【答案】A

9. 不属于分布式文件系统 HDFS 缺点的是（　　）。

A. 不适合低延数据访问

B. 无法高效存储大量小文件

C. 跨平台兼容性差

D. 不支持多用户写入及任意修改文件

【解析】分布式文件系统 HDFS 缺点有：①不适合低延数据访问；②无法高效存储大量小文件；③不支持多用户写入及任意修改文件。

【答案】C

10. HBase 是一个提供高可靠性、高性能、可伸缩、实时读写、分布式的（　　），一般采用 HDFS 作为其底层数据存储。

A. 键值数据库　　B. 文档数据库

C. 列族数据库　　D. 图数据库

【解析】HBase 是一个提供高可靠性、高性能、可伸缩、实时读写、分布式的列族数据库，一般采用 HDFS 作为其底层数据存储。

【答案】C

11. （　　）反映了数据库中数据的属性值的特性，通过函数表达式数据映射的关系来发现属性值之间的依赖关系。

A. 分类　　B. 回归分析

C. 聚类　　D. 关联规则

【解析】回归分析反映了数据库中数据的属性值的特性，通过函数表达式数据映射的关系来发现属性值之间的依赖关系。

【答案】B

12. MongoDB 是一种 NoSQL 数据库，具体地说，是（　　）存储数据库。

A. 键值　　B. 文档

C. 图形　　D. XML

【解析】MongoDB 是 NoSQL 数据库中的文档数据库，以文档存储数据库。

【答案】B

13. 某电商平台根据用户消费记录分析用户消费偏好，预测未来消费倾向，属于该典型应用的技术是（　　）。

A. 物联网　　B. 区块链

C. 云计算　　D. 大数据

【解析】大量消费者提供产品或服务的企业可以利用大数据进行精准营销。

【答案】D

14. 假定每一车次具有唯一的始发站和终点站。如果实体“列车时刻表”属性为车次、始发站、发车时间、终点站、到达时间，该实体的主键是（　　）。

A. 车次　　B. 始发站

C. 发车时间　　D. 车次，始发站

【解析】车次能唯一确定实体的特定个体。

【答案】A

15. 以下关于 E-R 图的叙述正确的是（　　）。

A. E-R 图建立在关系数据库的假设上

B. E-R 图使应用过程和数据的关系清晰，实体间的关系可导出应用过程的表示

C. E-R 图可将现实世界（应用）中的信息抽象地表示为实体以及实体间的联系

D. E-R 图能表示数据生命周期

【解析】选项 A 错误，因为 E-R 图是概念设计的方法，与数据模式无关；选项 B 错误，E-R 图只能描述实体及数据间关系，是信息的描述，可转换为对数据结构的描述，但与应用过程（应用程序）无关，应用过程应该通过数据流图表达；选项 C 正确；选项 D 错误，E-R 图是软件生命周期中概念设计阶段的工具，不能表示数据生命周期。

【答案】C

16. 在数据库系统中，当视图创建完毕后，数据字典中保存的是（　　）。

A. 查询语句

B. 查询结果

C. 视图定义

D. 所引用的基本表的定义

【解析】在数据库系统中，当视图创建完毕后，数据字典中保存的是视图定义。

【答案】C

17. 在三级模式/两种映射体系结构中，通过创建视图，构建的是外模式和（　　）。

A. 外模式/内模式映射

B. 外模式/模式映射

C. 模式/内模式映射

D. 内模式/外模式映射

【解析】数据库系统提供了两种映射，即外模式/模式映射和模式/内模式映射。创建视图能实现数据的逻辑独立性，帮助用户屏蔽真实表结构变化带来的影响。外模式又称子模式或用户模式，通过创建视图，构建的是外模式和外模式/模式映射。

【答案】B

18. 删除表上一个约束的 SQL 语句中，不包含关键字（　　）。

A. ALTER　　B. DROP

C. DELETE　　D. TABLE

【解析】SQL 语言用 ALTER TABLE 语句修改基本结构表，其一般格式如下：

ALTER TABLE < 表名 >

[ADD < 新列名 > < 数据类型 > [完整性约束]]

[DROP < 完整性约束名 >]

[ALTER COLUMN < 列名 > < 数据类型 >]；

其中，< 表名 > 是要修改的基本表；ADD 子句用于增加新列和新的完整性约束条件；DROP 子句用于删除指定的完整性约束条件；ALTER COLUMN 子句用于修改原有的列定义。

【答案】C

19. 为了保证数据库中数据的安全可靠和正确有效，系统在进行事务处理时，对数据的插入、删除或修改的全部有关内容先写入（　　）。

A. 索引文件　　B. 数据文件

C. 日志文件　　D. 数据字典

【解析】在进行事务处理时，对数据更新（插入、删除、修改）的全部有关内容写入日志文件。

【答案】C

20. 某国海军军官通过对前人航海日志的分析，绘制了新的航海路线图，标明了大风与洋流可能发生的地点，这体现了大数据分析理念中的（　　）。

A. 在数据基础上倾向于全体数据而不是抽样数据

B. 在分析方法上更注重相关分析而不是因果分析

C. 在分析效果上更追求效率而不是绝对精确

D. 在数据规模上强调相对数据而不是绝对数据

【解析】绘制航海图，标明了大风与洋流可能发生的地点，只关注了相关性，而不关注背后的原因，因此属于分析方法上的分析理念。

【答案】B

21. Oracle 数据库物理结构不包括的文件是（　　）。

A. 系统文件　　B. 日志文件

C. 数据文件　　D. 控制文件

【解析】Oracle 数据库物理结构包括日志文件、数据文件和控制文件。

【答案】A

22. 数据库中，数据的物理独立性是指（　　）。

A. 数据库与数据库管理系统的相互独立

B. 用户程序与数据库管理系统的相互独立

C. 用户的应用程序与存储在磁盘上数据库中的数据是相互独立的

D. 应用程序与数据库中数据的逻辑结构相互独立

【解析】数据独立性是指应用程序和数据结构之间相互独立，互不影响。

【答案】C

23. 如果问题存在最优解，那么一定能找到最优解的搜索算法是（　　）。

A. 广度优先搜索

B. 深度优先搜索

C. 启发式搜索

D. 有界深度优先搜索

【解析】广度优先搜索是找到所有路径，因此一定能够找到最优解。

【答案】A

24. Oracle 数据库最主要的逻辑存储结构是（　　）。

A. 表空间　　B. 段

C. 块　　D. 区

【解析】Oracle 数据库最主要的逻辑存储结构是表空间。

【答案】A

25. 支持向量机算法属于（　　）。

A. 决策树学习　　B. 统计学习

C. 集成学习　　D. 记忆学习

【解析】支持向量机方法是建立在统计学习理论的 VC 维理论和结构风险最小原理基础上的。

【答案】B

26. 一切皆可连，任何数据之间逻辑上都有可能存在联系，这体现了大数据思维中的（　　）。

A. 定量思维　　B. 相关思维
C. 因果思维　　D. 实验思维

【解析】大数据更关注数据之间的相关性而不是数据之间的因果联系。

【答案】B

27. 表的两种相关约束是（　　）。

A. 主键和索引　　B. 外键和索引
C. 主键和外键　　D. 内键和外键

【解析】表的两种相关约束是主键和外键。

【答案】C

28. 建设数据仓库的最终目的是（　　）。

A. 收集业务需求
B. 建立数据仓库逻辑模型
C. 开发数据的应用分析
D. 为用户和业务部门提供决策支持

【解析】数据仓库的最终目的是将企业范围内的全体数据集成到一个数据仓库中，用户可以方便地从中进行信息查询、产生报表和进行数据分析等，从而为用户和业务部门提供决策支持。

【答案】D

29. 计算机系统的软硬件故障可能会造成数据库中的数据被破坏。为了防止这一问题，通常需要（　　），以便发生故障时恢复数据库。

A. 定期安装 DBMS 和应用程序
B. 定期安装应用程序，并将数据库进行镜像
C. 定期安装 DBMS，并将数据库进行备份
D. 定期将数据库进行备份；在进行事务处理时，需要将数据更新写入日志文件

【解析】选项 A 可以确保系统的软件环境是最新的，不能解决数据被破坏后的恢复问题。选项 B 可以确保数据的实时同步，但不是数据恢复的策略。选项 C 若没有配合的恢复策略，在数据被破坏后，也不能恢复到特定的时点状态。选项 D，定期备份数据库可以确保在发生故障时，有可用的数据副本可以恢复，而日志文件记录了数据的变更。通过结合备份和日志，可以恢复到故障发生前的任意时间点。

【答案】D

30. 在数据库系统中，一般由 DBA 使用 DBMS 提供的授权功能为不同用户授权，其主要目的是保证数据库的（　　）。

A. 正确性　　B. 安全性

C. 一致性　　　　　　　　　D. 完整性

【解析】DMBS 是数据库管理系统，主要用来保证数据库的安全性和完整性。而 DBA 通过授权功能为不同用户授权，主要的目的是保证数据的安全性。

【答案】B

31. 关系规范化在数据库设计的（　　）阶段进行。

A. 需求分析　　　　　　　　B. 概念设计

C. 逻辑设计　　　　　　　　D. 物理设计

【解析】数据库设计中的规范化是在逻辑设计阶段进行的一项工作，该工作负责把关系模式进行规范以减少冗余，以及一定程度上消除修改异常、插入异常及删除异常。

【答案】C

32. 数据库系统通常采用三级模式结构，即外模式、模式和内模式。这三级模式分别对应数据库的（　　）。

A. 基本表、存储文件和视图

B. 视图、基本表和存储文件

C. 基本表、视图和存储文件

D. 视图、存储文件和基本表

【解析】数据库通常采用三级模式结构，其中视图对应外模式，基本表对应模式，存储文件对应内模式。

【答案】B

33. 数据的物理独立性和逻辑独立性分别是通过修改（　　）来完成的。

A. 外模式与内模式之间的映像、模式与内模式之间的映像

B. 外模式与内模式之间的映像、外模式与模式之间的映像

C. 外模式与模式之间的映像、模式与内模式之间的映像

D. 模式与内模式之间的映像、外模式与模式之间的映像

【解析】物理独立性是指内模式发生变化，只需要调整模式与内模式之间的映像，而不用修改应用程序。逻辑独立性是指模式发生变化，只需要调整外模式与模式之间的映像，而不用修改应用程序。

【答案】D

34. “当多个事务并发执行时，任一事务的更新操作直到其成功提交的整个过程，对其他事务都是不可见的”，这一性质通常被称为事务的（　　）。

A. 原子性　　　　　　　　　B. 一致性

C. 隔离性　　　　　　　　　D. 持久性

【解析】事务具有原子性（atomicity）、一致性（consistency）、隔离性（isolation）和持久性（durability）。这 4 个特性也称事务的 ACID 性质。其中，事务的隔离性是指

事务相互隔离，即当多个事务并发执行时，任一事务的更新操作直到其成功提交的整个过程，对其他事务都是不可见的。

【答案】C

35. 在采用三级模式结构的数据库系统中，如果对数据库中的表 Emp 创建聚簇索引，那么应该改变的是数据库的（　　）。

A. 模式　　B. 内模式

C. 外模式　　D. 用户模式

【解析】在采用三级模式结构的数据库系统中，对表 Emp 创建聚簇索引意味着索引项的顺序与表中记录的物理顺序一致，这涉及数据库的内模式。

【答案】B

36. 关系数据库中通常包含多个表，表与表之间的关联关系通过（　　）来实现。

A. 指针　　B. 外码

C. 索引　　D. 视图

【解析】外码（外键）是一种机制，用于确保表之间的关系完整性。它允许在一个表中引用另一个表中的数据，从而保持数据的一致性和完整性。

【答案】B

37. 下列选项中，属于将存储过程 p1 的执行权限授予用户 U2 的 SQL 语句的是（　　）。

A. GRANT INSERT ON PROCEDURE P1 TO U2

B. GRANT INSERT UPDATE PROCEDURE P1 TO U2

C. GRANT DELETE ON PROCEDURE P1 TO U2

D. GRANT EXECUTE ON PROCEDURE P1 TO U2

【解析】GRANT EXECUTE 为授予执行权限。

【答案】D

38. 系统中同时运行多个事务，若其中一个事务因为自身故障被系统强行退出，而其他事务仍正常运行，这种故障称为（　　）。

A. 事务故障　　B. 系统故障

C. 介质故障　　D. 程序 BUG

【解析】事务故障是指事务在运行至正常终点前终止，系统会强行撤销此事务对数据库的修改，以保证数据库的一致性。

【答案】A

39. 下列选项中，关于数据的物理存储结构对于程序员来讲是否可见的表述正确的是（　　）。

A. 采用数据库方式管理数据是可见的，采用文件方式管理数据是不可见的

B. 采用数据库方式管理数据是不可见的，采用文件方式管理数据是可见

C. 采用数据库方式管理数据和采用文件方式管理数据都是可见的

D. 采用数据库方式管理数据和采用文件方式管理数据都是不可见的

【解析】在数据库管理系统中，数据的物理存储结构由数据库系统自身处理，对程序员来说通常是不可见的。而文件方式管理数据时，程序员可以直接操作和感知文件的存储结构和组织方式，是可见的。

【答案】B

二、多项选择题

1. 数据库的数据具有（　　）的特性。

A. 冗余度高　　B. 共享性好

C. 冗余度低　　D. 独立性高

【解析】数据库的数据独立性高、冗余度低、共享性好。

【答案】BCD

2. 数据库系统从内到外分为几个层次，分别为（　　）。

A. 内模式　　B. 模式

C. 外模式　　D. 动态模式

【解析】数据库系统从内到外分为三个层次，分别为内模式、模式和外模式。

【答案】ABC

3. 数据库领域中最常用的数据模型有（　　）。

A. 层次模型　　B. 网状模型

C. 关系模型　　D. 面向对象模型

【解析】数据库领域中最常用的数据模型有：层次模型；网状模型；关系模型；面向对象模型。

【答案】ABCD

4. 关系模型提供的完整性规则有（　　）。

A. 实体完整性规则

B. 参照完整性规则

C. 用户定义完整性规则

D. 系统定义完整性规则

【解析】关系模型提供了三类完整性规则：实体完整性规则、参照完整性规则、用户定义完整性规则。

【答案】ABC

5. 数据模型通常由（　　）组成。

A. 数据结构　　B. 数据概念
C. 数据操作　　D. 完整性约束

【解析】数据模型通常由数据结构、数据操作和完整性约束三部分组成。

【答案】ACD

6.（　　）是关系模型必须满足的完整性约束条件，称为关系完整性规则。

A. 实体完整性规则
B. 参照完整性规则
C. 用户定义完整性规则
D. 系统定义完整性规则

【解析】实体完整性规则和参照完整性规则是关系模型必须满足的完整性约束条件，称为关系完整性规则。

【答案】AB

7. 机器学习包括（　　）。

A. 监督学习　　B. 半监督学习
C. 群体学习　　D. 强化学习

【解析】机器学习包括：监督学习、半监督学习、无监督学习、迁移学习、强化学习。

【答案】ABD

8. 数据仓库也可以认为是一个数据库，是一个（　　）数据集合，支持管理决策制定。这几个特性将数据仓库与其他数据存储系统相区别。

A. 面向主题的　　B. 时变的
C. 集成的　　D. 非易失的

【解析】数据仓库（Data Warehousing，DW）也可以认为是一个数据库，是一个面向主题的、集成的、时变的、非易失的数据集合，支持管理决策制定。这四个特性将数据仓库与其他数据存储系统相区别。

【答案】ABCD

9. 最流行的数据仓库模型是多维数据模型，这种数据模型可以是（　　）。

A. 星型模式　　B. 雪花模式
C. 网状模式　　D. 星系模式

【解析】最流行的数据仓库模型是多维数据模型，这种数据模型可以是星型模式、雪花模式、事实星座模型（星系模式）。

【答案】ABD

10. 人工智能应用研究的两个最重要、最广泛领域为（　　）。

A. 专家系统　　B. 机器学习

C. 自然语言理解　　　　　　　D. 智能控制

【解析】人工智能应用研究的两个最重要、最广泛的领域是专家系统和机器学习。

【答案】AB

11. 大数据的特点通常归纳为（　　）。

A. Volume（数据量）　　　　B. Variety（多样性）

C. Value（价值）　　　　　D. Velocity（速度）

【解析】大数据的特点通常归纳为“5V”：Volume（数据量），Variety（多样性），Value（价值），Velocity（速度），Veracity（真实性）。

【答案】ABCD

12. NoSQL 数据库通常包括（　　）等。

A. 键值数据库　　　　　　B. 文档数据库

C. 列族数据库　　　　　　D. 图数据库

【解析】NoSQL 数据库通常包括键值数据库、文档数据库、列族数据库、图数据库等。

【答案】ABCD

13. 大数据处理流程可以概括为（　　）。

A. 数据统计分析和挖掘

B. 数据采集

C. 结果可视化

D. 数据导入和清洗预处理

【解析】大数据处理流程一般为四个步骤：数据采集、数据导入和清洗预处理、数据统计分析和挖掘、结果可视化。

【答案】ABCD

14. 大数据的来源包括（　　）。

A. 互联网数据　　　　　　B. 实时数据

C. 探测数据　　　　　　　D. 传感器数据

【解析】大数据分析的数据来源有很多种，互联网数据、实时数据、探测数据、传感器数据等都属于大数据分析的来源。

【答案】ABCD

15. 分类是找出数据库中的一组数据对象的共同特点并按照分类模式将其划分为不同的类，常用分类算法包括（　　）。

A. 决策树　　　　　　　　B. 神经网络

C. 线性回归　　　　　　　D. 贝叶斯

【解析】分类的算法有决策树、贝叶斯、支持向量机、K 最近邻、集成学习、神经网络等。

【答案】ABD

16. 数据控制语言（DCL）命令通常用于创建与用户访问相关的对象，以及控制用户的权限，SQL 里用于控制数据库访问的命令有（　　）。

A. CONNECT　　B. DROP

C. REVOKE　　D. GRANT

【解析】SQL 里用两个命令控制数据库访问，包括权限的授予与撤销，分别是 GRANT 和 REVOKE。

【答案】CD

17. 数据定义语言（DDL）用于创建和重构数据库对象，DDL 命令包括（　　）。

A. CREATE　　B. DROP

C. ALTER　　D. UPDATE

【解析】数据定义命令有 CREATE、DROP、ALTER。

【答案】ABC

18. 下列对关系的描述正确的有（　　）。

A. 关系是一个集合

B. 关系是一张二维表

C. 关系可以嵌套定义

D. 关系中的元组次序可交换

【解析】关系不可以嵌套定义。

【答案】ABD

19. 以下关于数据库视图的说法中，正确的有（　　）。

A. 可以在视图上定义新的视图

B. 可以在视图上进行相关查询操作

C. 通过视图进行更新时，允许对视图中做运算的列（如表达式列）进行 UPDATE、INSERT 或 DELETE 操作

D. 允许对多表视图进行 DELETE 操作

【解析】可以在视图上定义新的视图或者进行相关查询操作。定义视图后，对视图的查询没有什么限制，可以像对待表一样进行操作。但是，如果对视图中的元组进行更新操作（INSERT、UPDATE、DELETE）将受到限制。概括起来，关于可更新视图有以下三条规则：①若视图是基于多个表使用连接操作而导出的，那么对这个视图执行更新操作时，每次只能影响其中的一个表。②若视图导出时包含有分组和聚合操作，则不允许对这个视图执行更新操作。③若视图是从一个表经选择、投影而导出的，并在视图中包含了表的主键字或某个候选键，这类视图称为“行列子集视图”。对这类视

图可执行更新操作。多表视图不能进行 DELETE 操作。

【答案】AB

20. 数据库是长期存储在计算机内（　　）的数据集合。

A. 有组织　　B. 可共享

C. 可延伸　　D. 可扩展

【解析】数据库是长期存储在计算机内有组织、可共享的数据集合。

【答案】AB

21. 数据管理技术经历了（　　）三个阶段。

A. 人工管理　　B. 文件系统

C. 数据库系统　　D. 后台管理

【解析】数据管理技术经历了人工管理、文件系统和数据库系统三个阶段。

【答案】ABC

22. 下列关于大数据分析理念的说法中，正确的有（　　）。

A. 在数据基础上倾向于全体数据而不是抽样数据

B. 在分析方法上更注重相关分析而不是因果分析

C. 在分析效果上更追求效率而不是绝对精确

D. 在数据来源上更倾向于结构化的数据而不是异构数据

【解析】大数据的数据来源多样化，既有结构化、半结构化的数据，也有无结构化数据。

【答案】ABC

23. 按照涉及自变量的多少，可以将回归分析分为（　　）。

A. 线性回归分析　　B. 非线性回归分析

C. 一元回归分析　　D. 多元回归分析

【解析】回归分析按照涉及的变量的多少，分为一元回归分析和多元回归分析；按照因变量的多少，可分为简单回归分析和多重回归分析；按照自变量和因变量之间的关系类型，可分为线性回归分析和非线性回归分析。

【答案】CD

24. 全局概念层是分布式数据库的整体抽象，包含了系统中全部数据的特性和逻辑结构。从其分布透明特性来说，包含的模式有（　　）。

A. 全局概念模式　　B. 分片模式

C. 分配模式　　D. 访问模式

【解析】全局概念层包括全局概念模式、分片模式和分配模式。全局概念模式描述分布式数据库全局数据的逻辑结构，是分布式数据库的全局概念视图。分片模式描述全局数据逻辑划分的视图，即全局数据的逻辑结构根据某种条件的划分，每一个逻辑划分就是一个片段或分片。分配模式描述局部逻辑的物理结构，即划分后的片段或分片的物理分配视图。

【答案】ABC

25. 聚类的典型应用包括（　　）。

A. 商务应用中，帮助市场分析人员发现不同的客户群

B. 对 Web 上的文档进行分类

C. 分析 Web 日志数据，发现相同的用户访问模式

D. 根据以往病人的特征，对新来的病人进行诊断

【解析】根据以往病人的特征，对新来的病人进行诊断属于分类。聚类是一种无监督的学习方法，它将相似的对象归为一类，而在分析之前没有已知的类型信息。相比之下，分类是一种有指导的类别划分，它基于先验标准进行，目的是找出描述并区分数据类或概念的模型，以便能够使用模型预测类标记未知的对象类。

【答案】ABC

26. 数据模型通常由（　　）要素构成。

A. 关系模型　　　　B. 数据结构

C. 数据操纵　　　　D. 完整性约束

【解析】数据模型通常由数据结构、数据操作、完整性约束三要素构成。

【答案】BCD

27. 保证并发调度的可串行化，是为了确保事务的（　　）。

A. 原子性　　　　B. 一致性

C. 持久性　　　　D. 隔离性

【解析】如果多个事务的并发执行结果是正确的，那么这个结果必须与这些事务按某种顺序串行执行时得到的结果相同。这种保证通过确保事务的原子性和一致性来实现。

【答案】AB

28. 以下对数据库故障的描述中，正确的有（　　）。

A. 系统故障指软硬件错误导致的系统崩溃

B. 由于事务内部的逻辑错误造成该事务无法执行的故障属于事务故障

C. 可通过数据的异地备份来减少磁盘故障可能给数据库系统造成数据丢失

D. 系统故障一定会导致磁盘数据丢失

【解析】系统故障发生时，内存中数据库缓冲区的信息会全部丢失，但存储在外部存储设备上的数据通常不会受到影响。

【答案】ABC

29. CAP 理论是 NoSQL 理论的基础，下列性质属于 CAP 理论的有（　　）。

A. 分区容错性　　　　B. 原子性
C. 可用性　　　　D. 一致性

【解析】CAP 理论指的是在分布式系统中，最多只能同时满足一致性、可用性和分区容错性这三个属性中的两个。

【答案】ACD

30. 数据挖掘中分类的典型应用包括（　　）。

A. 识别社交网络中的社团结构，即连接稠密的子网络
B. 根据现有的客户信息，分析潜在客户
C. 分析数据，以确定哪些贷款申请是安全的，哪些是有风险的
D. 根据以往病人的特征，对新来的病人进行诊断

【解析】分类技术通过分析训练数据集来构造一个分类模型，能够将数据库中的数据项映射到给定类别中的某一个。识别社交网络中的社团结构属于社团检测问题。

【答案】BCD

三、判断题

1. 关系模型提供了三类完整性规则：实体完整性规则、参照完整性规则、用户定义完整性规则。参照完整性规则和用户定义完整性规则是关系模型必须满足的完整性约束条件，称为关系完整性规则。（　　）

【解析】关系模型提供了三类完整性规则：实体完整性规则、参照完整性规则、用户定义完整性规则。其中实体完整性规则和参照完整性规则是关系模型必须满足的完整性约束条件，称为关系完整性规则。

【答案】错误

2. 当使用 DROP TABLE 语句进行删除操作时，使用 RESTRICT 选项，全部引用视图和约束都被删除。（　　）

【解析】如果使用了 RESTRICT 选项，并且表被视图或约束所引用，DROP 语句就会返回一个错误。当使用了 CASCADE 选项时，删除操作会成功执行，而且全部引用视图和约束都被删除。

【答案】错误

3. 在嵌套查询中，外层的查询块叫作外部查询（或父查询），而内层的查询块则叫作内部查询（或子查询）。（　　）

【解析】略。

【答案】正确

4. 外连接包括左外连接、右外连接和全外连接三种，使用 LEFT JOIN 就表示左边的表是主表，右边表中记录将全部显示。（　　）

【解析】使用 LEFT JOIN 就表示左边的表是主表，该表中记录将全部显示，即使右边表中没有相关记录。

【答案】错误

5. 子查询不可以嵌套在 DELETE 语句中。 （ ）

【解析】子查询也可以嵌套在 DELETE 语句中，用以构造执行删除操作的条件。

【答案】错误

6. 视图在数据库中存储的是视图的定义，而不是查询的数据，因此对视图无法进行删除、更新等操作。 （ ）

【解析】除增删改受限制的视图外，视图也可以进行删除、更新操作。

【答案】错误

7. 数据库里的索引与图书中的索引十分类似，利用索引可以大大加快数据查询的效率。例如，为快速查出 students 表中的男生，可以对性别字段添加索引。 （ ）

【解析】查询性别会返回数据表中大约一半的数据，不适宜作为索引字段。访问索引会增加额外的 I/O 开销，对性别建立索引，先访问索引，再访问数据表，由于性别无论是男还是女都含有大量数据，此时使用索引的效率还不如遍历全表的效率高。

【答案】错误

8. 索引的创建与删除不会影响到数据本身，但会影响数据检索的速度。因此无论是对数据量大的表还是数据量小的表都要建立索引。 （ ）

【解析】对于数据量小的表，全表扫描有时候会更快。

【答案】错误

9. 每个数据库至少应该有一个表空间，而一个表空间只能属于一个数据库，每一个表空间只能对应一个数据文件。 （ ）

【解析】每个数据库至少应该有一个表空间，而一个表空间只能属于一个数据库，每一个表空间在磁盘上的存储可以是一个或者多个数据文件。

【答案】错误

10. 对于大数据而言，最基本、最重要的要求是减少错误，因此，大数据收集的信息量要尽量精确。 （ ）

【解析】对“小数据”而言，最基本、最重要的要求就是减少错误，保证质量。因为收集到的信息量比较少，所以必须确保记录下来的数据尽量准确。而大数据允许不精确，如结构混乱的非结构化数据。

【答案】错误

11. 逻辑备份导出的二进制文件在不同操作系统平台的 Oracle 数据库中都可导入，低版本数据库导出的二进制文件可以在高版本的数据库中导入，高版本数据库导出的二进制文件可以在低版本的数据库中导入，数据不会产生变化。 （ ）

【解析】高版本数据库导出的文件在低版本数据库中导入，有可能会产生字符集的不兼容。

【答案】错误

12. OLTP 和 OLAP 是一对既有联系又有区别的概念，OLAP 采用实体—联系 ER 模型和面向应用的数据库设计，OLTP 采用星型或雪花模型和面向主题的数据库设计。

（　　）

【解析】OLTP 采用实体—联系 ER 模型和面向应用的数据库设计，OLAP 采用星型或雪花模型和面向主题的数据库设计。

【答案】错误

13. 关联规则是用于分类和预测的主要技术之一。（　　）

【解析】决策树是用于分类和预测的主要技术之一。

【答案】错误

14. HDFS 开源实现了 GFS 的基本思想，适合存储小文件、低延迟的数据访问。

（　　）

【解析】HDFS 不适合低延迟的数据访问，无法高效存储大量小文件。HDFS 适合大数据处理。

【答案】错误

15. 数据库调整是调整实际数据库的过程，包括分配内存、磁盘、CPU、I/O 和底层数据库进程，还涉及数据库结构本身的管理与操作，比如表和索引的设计与布局。

（　　）

【解析】略。

【答案】正确

16. 数据库索引和视图的共同点是提高查询速度，同时占用极少量的存储空间。

（　　）

【解析】视图不能提高查询速度，索引也会占据物理存储空间，而且可能会比表本身还大。

【答案】错误

17. 数据库中函数和存储过程没有本质区别，可以相互转换。（　　）

【解析】略。

【答案】正确

18. 系统中同时运行多个事务，若其中一个事务因为自身故障被系统强行退出，而其他事务仍正常运行，此时会造成数据库的不一致，解决的方法是由用户对该事务进行回滚。（　　）

【解析】无须用户对事务进行回滚。数据库管理系统（DBMS）会自动采取相应的恢复措施。具体来说，DBMS 会利用日志文件进行回滚操作（Rollback），撤销（UNDO）故障发生时未完成的事务，重做（REDO）已完成的事务。用户只需检查数据的一致性和完整性，具体的恢复工作是由数据库系统来完成的。

【答案】错误

19. 在数据库应用系统开发过程中，常采用视图来实现对数据库的更新操作，其内部以事务程序的方式来编写。（　　）

【解析】在数据库应用系统开发过程中，采用存储过程来实现对数据库的更新操作，存储过程在服务器端提供的功能调用，适用于编写更新数据库的事务程序。

【答案】错误

20. 数据库重构是指因为性能原因，对数据库中的某个表进行分解，再通过建立与原表同名的索引以保证查询该表的应用程序不变。（　　）

【解析】应当为建立与原表同名的视图。视图本身不存储数据，但可以通过视图访问数据，提供了数据的逻辑独立性。当关系模式发生改变后，通过修改外模式/模式的映像，可以达到应用程序不变的目的。

【答案】错误

21. 数据流图（DFD）的作用是描述数据对象之间的关系。（　　）

【解析】数据流图（DFD）的作用是描述对数据的处理流程。数据流图是一种图形化技术，用于表示系统的逻辑功能、数据在系统内部的逻辑流向和逻辑变换过程。

【答案】错误

22. MongoDB 是一种 NoSQL 数据库，是一种基于键值存储数据库。（　　）

【解析】MongoDB 是一种基于文档存储数据库。MongoDB 数据被组织成文档的形式，每个文档都可以包含多个键值对。

【答案】错误

23. 根据历史数据，确定一个就诊人员是否可能患心脏病，可以采用 K-means 算法。（　　）

【解析】可以采用 C4.5 算法，C4.5 算法是一种决策树学习算法，适合处理分类问题。K-means 算法是聚类算法，不适用于分类。

【答案】错误

24. 为了保证数据库中数据的安全可靠和正确有效，系统在进行事务处理时，对数据的插入、删除或修改的全部有关内容先写入数据文件。（　　）

【解析】为了保证数据库中数据的安全可靠和正确有效，系统在进行事务处理时，对数据的插入、删除或修改的全部有关内容先写入日志文件。这种做法的目的是在发生故障时，能够通过日志文件中的内容，快速恢复到故障发生前的状态。

【答案】错误

25. 假设系统中有运行的事务，若要转储全部数据库应采用动态增量转储方式。（　）

【解析】系统中有运行的事务，若要转储全部数据库应采用动态全局转储方式。动态全局转储允许在转储操作进行的同时，系统的事务继续运行，不会影响到转储的过程。动态增量转储是每次对自上次转储后更新的数据进行转储，需要记录所有操作以便在需要时进行恢复。

【答案】错误

26. 能实现 UNIQUE 约束功能的索引是唯一值索引。（　）

【解析】UNIQUE 约束是为了确保数据库中的数据在某一列或某几列的组合上具有唯一性，防止重复数据的插入。唯一值索引能够确保索引列上的值是唯一的。

【答案】正确

27. 数据库的安全机制中，通过建立视图使用户只能看到部分数据，从而保护了其他数据。（　）

【解析】视图是一个虚拟表，其内容由查询定义。

【答案】正确

28. 数据库的安全机制中，提供触发器供第三方开发人员调用，从而保证数据库的关系模式不被第三方所获取。（　）

【解析】数据库的安全机制中，为保证数据库的关系模式不被第三方所获取，提供存储过程供第三方开发人员调用。触发器是提供给程序员和数据分析员来保证数据完整性的一种方法。存储过程是数据库提供的一种对象，通过存储过程执行特定的操作，避免了直接向第三方提供系统的表结构信息。

【答案】错误

29，嵌入式 SQL 中，若查询结果为多条记录，将查询结果交与主语言处理时，应使用的机制是主变量。（　）

【解析】游标允许逐条访问查询结果。因此，嵌入式 SQL 中，若查询结果为多条记录，将查询结果交与主语言处理时，应使用的机制是游标。

【答案】错误

30. 事务 T1 中有两次查询学生表中的男生人数，在这两次查询执行中间，事务 T2 对学生表中加入了一条男生记录，导致 T1 两次查询的结果不一致，此类问题属于读脏数据。（　）

【解析】本题中两次读取的数据不一致的问题属于不可重复读。读脏数据是指一个事务读取了另一个事务未提交的数据。

【答案】错误

四、综合分析题

某地税务局基于金税三期系统下发数据库开发税收风险管理系统，用于企业税收风险监控及税收情况分析，假设金税三期系统下发数据库采用 Oracle 数据库，有业务表税收违法信息表 wf，有字段 id. 纳税人识别号（nsrsbh）、纳税人名称（nsrmc）、违法事实、所属时期及处罚依据等。其中 id 为主键，纳税人识别号唯一标识一个纳税人。根据上述材料回答以下问题。

（1）税收风险管理系统可以采用的数据库有（　　）。（多选）

A. Oracle 数据库

B. MySQL 数据库

C. 人大金仓数据库

D. SQL Server 数据库

【解析】上述数据库均能通过程序连接金税三期系统下发数据库（Oracle 数据库），并能完成数据生成、数据处理和数据分析的操作。

【答案】ABCD

（2）某业务查询功能需要多个业务表关联，由于数据量很大，有较长查询等待时间，为提高查询效率，下列可能有效的操作有（　　）。（多选）

A. 为多表查询关联条件的字段加上索引

B. 更多使用存储过程

C. 优化查询语句

D. 更多使用视图

【解析】通过索引查询数据会获得更快的速度，为连接条件字段添加索引能提高多表查询速度；存储过程已经经过预编译，比查询语句速度更快；优化查询语句，使用高性能的查询语句能提高速度；视图主要是查询方便，是查询语句组成的虚拟表，使用视图并不能提高查询效率。

【答案】ABC

（3）查询表中税收违法信息超过 3 条的企业，下列 SQL 语句能实现该功能的是（　　）。（单选）

A. select * from wf where nsrsbh in（select nsrsbh from wf group by nsrsbh having count（distinct nsrsbh）>3）

B. select * from wf group by nsrsbh having count（distinct nsrsbh）>3

C. select nsrsbh, nsrmc from wf where id in（select id from wf group by id having count（distinct id）>3）

D. select * from wf where nsrsbh in（select nsrsbh from wf group by nsrsbh having count（nsrsbh）>3）

【解析】选项 A 中 count（distinct nsrsbh）去除重复值，而 nsrsbh 唯一标识一个企业，故无法得到一个企业的重复记录；选项 B 不符合 group by 子句语法；选项 C 中 id 为主键，无重复值；选项 D 正确。

【答案】D

（4）查询违法次数最多的十家企业，下列说法中正确的有（　　）。（多选）

A. 在 Oracle 数据库中，使用 rownum <= 10

B. 在 SQL Server 数据库中，使用 top 10

C. 在 MySQL 数据库中，使用 limit 10

D. 在 MySQL 数据库中，使用 limit 0，10

【解析】在 MySQL 数据库中，使用 limit 0，10，代表从第 0 条后的记录开始，即从第 1 条开始，0 可以省略。

【答案】ABCD

（5）该数据库中的数据主要用于分析，对实时性要求不高，为不影响金税三期系统下发数据库的运行，数据抽取一般在晚上进行。下列说法中正确的有（　　）。（多选）

A. 该数据库实质是一个联机操作数据库系统（OLTP）

B. 该数据库实质是一个联机分析处理系统（OLAP）

C. 借助 ETL（数据抽取、清洗、转换），实现数据业务归集，有助于更好地进行数据分析

D. 该系统可使用 NoSQL 数据库提高分析处理能力

【解析】联机操作数据库系统主要是日常的事务操作，记录即时的增、删、改、查，该系统主要用于分析，系统本身并不产生数据，故 A 选项错误，B 选项正确。ETL 是建设数据仓库进行数据分析的一个必要过程，C 选项正确。由于该系统数据主要来源于金税三期系统下发数据库，该系统内数据基本为格式化数据，因此不需要使用 NoSQL 数据库。

【答案】BC

五、案例分析题

1. 假定学生 Students 和教师 Teachers 关系模式如下所示：

```
Students(学号,姓名,性别,类别,身份证号)
Students(sid,name,sex,category,ID)
Teachers(教师号,姓名,性别,身份证号,工资)
Teachers(tid,name,sex,ID,salary)
```

问题：（1）写出查询在读研究生教师的平均工资、最高与最低工资之间差值的

SQL 语句。

（2）写出查询既是研究生，又是女性，且工资大于等于 3500 元的教师的身份证号和姓名的 SQL 语句。

（3）将 Students 表的查询权限授予用户 U1 和 U2，并允许该用户将此权限授予其他用户，写出实现此功能的 SQL 语句。

【答案】（1）select AVG（salary）AS "平均工资"，MAX（salary）- MIN（salary）AS"工资差"

```
From Teacher A,Students B
Where A.ID=B.ID
AND B.category='Graduate'
```

（2）select ID，name

```
From Teacher A,Students B
Where A. ID=B. ID
AND A. salry>='3500'
AND B. category='Graduate'
AND A. sex='female'
```

（3）GRANT SELECT ON TABLE Students TO U1，U2 WITH GRANT OPTION

2. 某大型集团公司的数据库的部分关系模式如下：

员工表：EMP（Eno，Ename，Age，Sex，Title），各属性分别表示员工工号、姓名、年龄、性别和职称级别，其中性别取值为“男”“女”；

公司表：COMPANY（Cno，Cname，City），各属性分别表示公司编号、名称和所在城市；

工作表：WORKS（Eno，Cno，Salary），各属性分别表示职工工号、工作的公司编号和工资。

有关关系模式的属性及相关说明如下：

允许一个员工在多家公司工作，使用身份证号作为工号值。

工资不能低于 1500 元。

根据以上描述，回答下列问题：

（1）请将下面创建工作关系的 SQL 语句的空缺部分补充完整，要求指定关系的主码、外码，以及工资不能低于 1500 元的约束。

```
CREATE TABLE WORKS(
Eno CHAR(10)(a),
Cno CHAR(4)(b),
```

```
Salary int(c),
PRIMARY KEY(d),
);
```

(2) 创建女员工信息的视图 FemaleEMP，属性有 Eno、Ename、Cno、Cname 和 Salary，请将下面 SQL 语句的空缺部分补充完整。

```
CREATE(e)
AS
SELECT EMP. Eno,Ename,COMPANY. Cno,Cname,Salary
FROM EMP,COMPANY,WORKS
WHERE(f);
```

(3) 员工的工资由职称级别的修改自动调整，需要用触发器来实现员工工资的自动维护，函数 float Salary_value（char（10）Eno）依据员工号来计算员工新的工资。请将下面 SQL 语句的空缺部分补充完整。

```
CREATE(g)Salary TRG AFTER(h)ON EMP
REFERENCING new row AS nrow
FOR EACH ROW
BEGIN
UPDATE WORKS
SET(i)
WHERE(j);
END
```

(4) 查询员工最多的公司编号和公司名称。请将下面 SQL 语句的空缺部分补充完整。

```
SELECT COMPANY. Cno,Cname
FROM COMPANY,WORKS
WHERE COMPANY. Cno = WORKS.
Cno
GROUP BY(k)
HAVING(l)(SELECT COUNT(*)
FROM WORKS
GROUP BY Cno
);
```

(5) 查询所有不在“××银行 A 分行”工作的员工工号和姓名。请将下面 SQL 语句的空缺部分补充完整。

```
SELECT Eno,Ename
FROM EMP
WHERE Eno(l)(
SELECT Eno
FROM(m)
WHERE(n)
AND Cname ='××银行A分行'
);
```

【答案】(1) (a) REFERENCES EMP(Eno)

(b) REFERENCES COMPANY(Cno)

(c) CHECK(Salary> =1500)

(d) (Eno,Cno)

(2) (e) VIEW FemaleEMP(Eno,Ename,Cno,Cname,Salary)

(f) EMP.Eno=WORKS.Eno AND COMPANY.Cno=WORKS.Cno AND Sex='女'

(3) (g) TRIGGER

(h) UPDATE

(i) Salary=Salary_value(nrow.Eno)

(j) WORKS.Eno=nrow.Eno

(4) (k) COMPANY.Cno,Cname(l)COUNT(*)> =ALL

(5) (l) NOT IN 或< >ANY (注：两者填一个即可)

(m) WORKS.COMPANY

(n) WORKS.Cno=COMPANY.Cno

3. 某销售公司当前的销售业务为商城实体店销售。现该公司拟开展网络销售业务，需要开发一个信息化管理系统。请根据公司现有业务及需求完成该系统的数据库设计。

需求描述：

(1) 记录公司所有员工的信息。员工信息包括工号、身份证号、姓名、性别、出生日期和电话，并只登记一部电话。

(2) 记录所有商品的信息。商品信息包括商品名称、生产厂家、销售价格和商品介绍。系统内部用商品条码唯一区别每种商品。

(3) 记录所有顾客的信息。顾客信息包括顾客姓名、身份证号、登录名、登录密码和电话号码。一位顾客只能提供一个电话号码。系统自动生成唯一的顾客编号。

(4) 顾客登录系统之后，在网上商城购买商品。顾客可将选购的商品置入虚拟的购物车内，购物车可长期存放顾客选购的所有商品。顾客可在购物车内选择商品、修改商品数量后生成网购订单。订单生成后，由顾客选择系统提供的备选第三方支付平台进行电子支付，支付成功后系统需要记录唯一的支付凭证编号，然后由商城根据订单进行线下配送。

（5）所有的配送商品均由仓库统一出库。为方便顾客，允许每位顾客在系统中提供多组收货地址、收货人及联系电话。一份订单所含的多个商品可能由多名分拣员根据商品所在仓库信息从仓库中进行分拣操作，分拣后的商品交由配送员根据配送单上的收货地址进行配送。

（6）新设计的系统要求记录实体店的每笔销售信息，包括营业员、顾客、所售商品及其数量。

概念模型设计：

根据需求阶段收集的信息，设计的实体联系图（不完整）如图 5 - 1 所示。

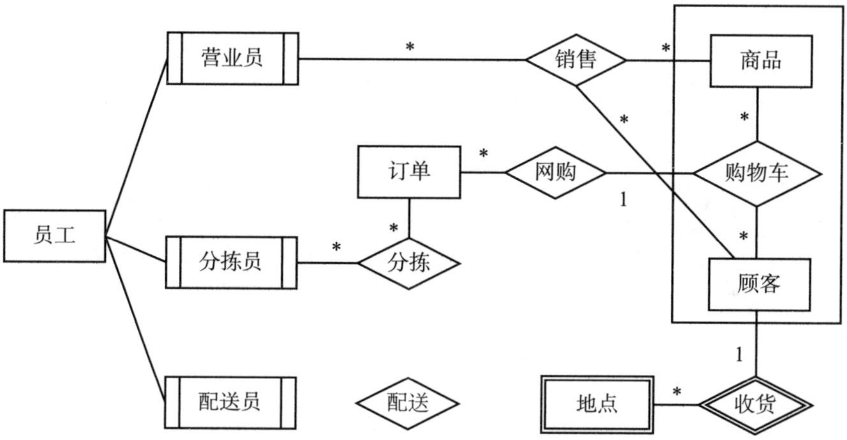

图 5 - 1　实体联系图

逻辑结构设计：

根据概念模型设计阶段完成的实体联系图，得出如下关系模式（不完整）：

员工（工号，身份证号，姓名，性别，出生日期，电话）

商品［商品条码，商品名称，生产厂家，销售价格，商品介绍，（a）］

顾客（顾客编号，姓名，身份证号，登录名，登录密码，电话）

收货地点（收货 ID，顾客编号，收货地址，收货人，联系电话）

购物车（顾客编号，商品条码，商品数量）

订单［订单 ID，顾客编号，商品条码，商品数量，（b）］

分拣［分拣 ID，分拣员工号，（c），分拣时间］

配送（配送 ID，分拣 ID，配送员工号，收货 ID，配送时间，签收时间，签收快照）

销售（销售 ID，营业员工号，顾客编号，商品条码，商品数量）

问题：(1) 补充图 5－1 中的“配送”联系所关联的对象及联系类型。

(2) 补充逻辑结构设计中的（a）、(b) 和（c）三处空缺。

(3) 对于实体店销售，若要增加送货上门服务，由营业员在系统中下订单，与网购的订单进行后续的统一管理。请根据该需求，对图 5－1 进行补充，并修改订单关系模式。

【答案】(1) 配送员—配送—地点，多对多联系。

(2)（a）商品数量，仓库信息。

(b) 支付凭证编号。

(c) 商品条形码，订单 ID。

(3) 在营业员与订单之间增加联系“送货上门”，并将联系记录于订单关系中，即在订单关系中增加属性“营业员 ID”作为外键。

错题、要点整理页

第六章　软件开发

>>本章知识框架

节	细目	知识点	学习进度
软件开发基础知识	软件的概念、特征	【知识点 1】软件的概念	
		【知识点 2】软件的特征	
	软件工程	【知识点 1】软件危机	
		【知识点 2】软件工程	
		【知识点 3】软件工程方法学	
	软件生命周期	【知识点 1】软件的生命周期	
		【知识点 2】软件定义阶段	
		【知识点 3】软件开发阶段	
		【知识点 4】软件维护阶段	
	软件开发模型	【知识点 1】软件开发模型的概念	
		【知识点 2】瀑布模型	
		【知识点 3】螺旋模型	
		【知识点 4】快速原型模型	
		【知识点 5】增量模型	
	软件设计的概念和原理	【知识点 1】软件设计的概念	
		【知识点 2】软件设计原理相关概念	
	软件测试常用的方法和技术	【知识点 1】软件测试相关概念	
		【知识点 2】软件测试常用方法	
		【知识点 3】软件测试技术	

续表

节	细目	知识点	学习进度
软件开发基础知识	软件项目管理中的关键要素	【知识点 1】项目管理四大变量	
		【知识点 2】范围	
		【知识点 3】质量	
		【知识点 4】成本	
		【知识点 5】交期	
	软件知识产权	【知识点 1】软件知识产权相关概念	
		【知识点 2】软件著作权人权利	
		【知识点 3】软件著作权归属	
		【知识点 4】软件著作权时效	
	UWL 软件开发过程	【知识点 1】UML 简介	
		【知识点 2】UML 的内容	
		【知识点 3】UML 语义	
		【知识点 4】UML 表示法	
		【知识点 5】UML 建模框架	
		【知识点 6】UML 建模过程高层视图	
Web 应用开发	Web 应用开发概述	【知识点 1】B/S 结构	
		【知识点 2】B/S 结构编程技术	
		【知识点 3】B/S 结构编程数据库技术	
	Web 应用体系结构	【知识点 1】网页编程	
		【知识点 2】静态网页	
		【知识点 3】动态网页	
		【知识点 4】三层/N 层 Web 应用结构	
	常用编程语言	【知识点 1】Java 语言	
		【知识点 2】C/C ++ 语言	
		【知识点 3】Python 语言	
		【知识点 4】PHP 语言	
	Java Web 开发技术	【知识点 1】HTML 基础	
		【知识点 2】表单与表单组件	
		【知识点 3】JavaScript	

续表

节	细目	知识点	学习进度
Web应用开发	Java Web 开发技术	【知识点 4】JSP	
		【知识点 5】数据库访问	
		【知识点 6】Java Servlet	
		【知识点 7】JavaBean	
中间件	中间件概述	【知识点 1】中间件的定义	
		【知识点 2】中间件的特点	
		【知识点 3】中间件的分类	
		【知识点 4】数据访问中间件	
		【知识点 5】远程过程调用中间件（RPC）	
		【知识点 6】消息中间件（MOM）	
		【知识点 7】基于对象请求代理的中间件（ORB）	
		【知识点 8】事务处理中间件（TPM）	
		【知识点 9】工作流中间件（WF）	
	面向对象中间件	【知识点 1】对象	
		【知识点 2】类	
		【知识点 3】抽象	
		【知识点 4】封装	
		【知识点 5】继承	
		【知识点 6】多态	
		【知识点 7】接口	
		【知识点 8】消息	
		【知识点 9】组件	
		【知识点 10】模式	
		【知识点 11】复用	
	中间件技术平台（J2EE）	【知识点 1】J2EE 概述	
		【知识点 2】J2EE 的组件	
		【知识点 3】平台服务标准	
		【知识点 4】对 Web 服务的支持	
		【知识点 5】多层应用模型	

续表

节	细目	知识点	学习进度
中间件	WebSphere MQ	【知识点 1】WebSphere MQ 概述	
		【知识点 2】消息中间件概述	
		【知识点 3】分布计算环境/远程过程调用（DCE/RPC）	
		【知识点 4】对象事务监控（OTM）	
		【知识点 5】消息队列（Message Queue）	
	WebLogic	【知识点 1】WebLogic 概述	
		【知识点 2】域（Domain）	
		【知识点 3】线程（thread）	
		【知识点 4】WebLogic 服务器	
		【知识点 5】WebLogic 常用的管理操作	

>>习题演练

一、单项选择题

1. 在面向对象程序设计语言中，对象之间进行通信的方式是（　　）。

A. 消息传递　　B. 继承

C. 引用　　D. 多态

【解析】在面向对象程序设计语言中，对象之间通过消息传递的方式进行通信。

【答案】A

2. 以下关于好的面向对象程序设计语言的叙述中，不正确的是（　　）。

A. 应该支持被封装的对象

B. 应该支持类写实例的概念

C. 应该支持通过指针进行引用

D. 应该支持继承和多态

【解析】在 C ++ 语言中，指针是一个地址，而在 Java. C#中不再使用指针。面向对象程序不必然支持通过指针进行引用。

【答案】C

3. 下列类之间存在着一般和特殊关系的是（　　）。

A. 汽车与轮船　　B. 交通工具与飞机

C. 轮船与飞机　　D. 汽车与飞机

【解析】飞机属于交通工具的一种，故 B 选项正确，其他三个选项中二者都是并列关系。

【答案】B

4. 以下关于文档的叙述中，不正确的是（　　）。

A. 项目相关人员可以通过文档进行沟通

B. 编写文档会降低软件开发的效率

C. 编写高质量文档可以提高软件开发的质量

D. 文档是软件的不可或缺的部分

【解析】编写文档会方便项目相关人员的沟通，高质量文档可以提高软件开发质量，有时还会提高软件开发的效率。

【答案】B

5. 在软件开发过程中，系统测试阶段的测试目标来自（　　）阶段。

A. 需求分析　　B. 概要设计

C. 详细设计　　D. 软件设计

【解析】在需求分析阶段确定系统测试阶段的测试目标。

【答案】A

6. 以下关于增量模型的叙述中，正确的是（　　）。

A. 需求被清晰定义

B. 可以快速构造核心产品

C. 每个增量必须进行风险评估

D. 不适宜商业产品的开发

【解析】增量模型是把待开发的软件系统模块化，将每个模块作为一个增量组件，从而分批次地分析、设计、编码和测试这些增量组件。可以快速构造核心产品，故选项 B 正确。增量模型中，需求不是一次全部提交的，而是逐步提交的。

【答案】B

7. 下列内聚种类中，内聚程度最高的是（　　）。

A. 功能内聚　　B. 偶然内聚

C. 过程内聚　　D. 逻辑内聚

【解析】如果一个模块内所有处理元素完成一个，而且仅完成一个功能，则称为功能内聚。功能内聚是最高程度的内聚，内聚程度最差的是偶然内聚。

【答案】A

8. 在面向对象方法中，不同对象收到同一消息可以产生完全不同的结果，这一现象称为（　　）。

A. 接口　　B. 继承

C. 覆盖　　D. 多态

【解析】多态性在多个类中可以定义同一个操作或属性名，并在每个类中可以有不同的实现。多态性使得一个属性或变量在不同的时期可以表示不同类的对象。故选项D正确。

【答案】D

9. 以下关于螺旋模型的叙述中，不正确的是（　　）。

A. 它是风险驱动的，要求开发人员必须具有丰富的风险评估知识和经验

B. 它可以降低过多测试或测试不足带来的风险

C. 它包含维护周期，因此维护和开发之间没有本质区别

D. 它不适用于大型软件开发

【解析】螺旋模型更适合大型的昂贵的系统级的软件应用。

【答案】D

10. 软件工程方法学包括三个要素，分别是方法、工具和（　　）。

A. 软件系统　　B. 硬件系统

C. 过程　　D. 人员

【解析】软件工程方法学包括三个要素：方法、工具和过程。

【答案】C

11. 选择适当的解决方案，将系统分解为若干个子系统，建立整个系统的体系结构，这一设计阶段是（　　）。

A. 概要设计　　B. 详细设计

C. 结构化设计　　D. 面向对象设计

【解析】从工程管理的角度，可以将软件设计分为概要设计阶段和详细设计阶段。结构化设计方法中，概要设计阶段进行软件体系结构的设计、数据设计和接口设计；详细设计阶段进行数据结构和算法的设计。面向对象设计方法中，概要设计阶段进行体系结构设计、初步的类设计、数据设计、结构设计；详细设计阶段进行构件设计。

【答案】A

12. 下列不属于软件维护工具的是（　　）。

A. 版本控制工具　　B. 配置分析工具

C. 文档分析工具　　D. 逆向工程工具

【解析】软件维护工具有：版本控制工具、文档分析工具、开发信息库工具、逆向工程工具、再工程工具、配置管理支持工具。

【答案】B

13. 下列各项不是J2EE中间件平台优点的是（　　）。

A. 跨平台，方便移植

B. 可以做集群实现高可用

C. 可以负载均衡

D. 集成了数据库管理功能

【解析】J2EE 标准的实施可显著提高系统的可移植性，安全性，可伸缩性，负载平衡和可重用性面向对象、分布式、解释型、可靠、安全、平台无关、可移植、高性能、多线程、动态性等。

【答案】D

14. 下列关于中间件的描述，不正确的是（　　）。

A. 中间件位于客户机服务器操作系统内核中，提高内核运行效率

B. 分布式应用软件借助中间件在不同的技术之间共享资源

C. 中间件应支持标准的协议和接口

D. 中间件是一种独立的系统软件服务程序

【解析】中间件是一种独立的系统软件服务程序，分布式应用软件借助这种软件在不同的技术之间共享资源，中间件位于客户机服务器的操作系统之上，管理计算资源和网络通信。

【答案】A

15. 中间件位于客户机服务器的操作系统之上，管理计算资源和网络通信。从这个意义上可以用一个等式来表示中间件：中间件 = 平台 + 通信，所以中间件是（　　）。

A. 介于应用系统和系统软件之间的一类软件

B. 介于数据库和应用服务器之间的一类软件

C. 介于应用系统和硬件之间的一类软件

D. 介于网络设备和服务器之间的一类软件

【解析】中间件是介于应用系统和系统软件之间的一类软件，它使用系统软件所提供的基础服务（功能），衔接网络上应用系统的各个部分或不同的应用，能够达到资源共享、功能共享的目的。

【答案】A

16. 设计模块时，使得其所含信息对于那些不需要这些信息的模块不可访问，这一模块设计原则称为（　　）。

A. 多态　　B. 信息隐藏

C. 封装　　D. 继承

【解析】多态、封装、继承是面向对象的特征。

【答案】B

17. WebLogic 是遵循（　　）标准的中间件。

A. DCOM　　B. DCE

C. J2EE　　D. TCP/IP

【解析】WebLogic 是遵循 J2EE 标准的中间件。

【答案】C

18. 在 WebLogic 中建立的新域端口号默认为（　　）。

A. 80　　B. 21

C. 7001　　D. 8001

【解析】在 WebLogic 中建立的新域端口号默认为 7001。

【答案】C

19. 下列各项中不是线程状态的是（　　）。

A. 新建状态（New）

B. 就绪状态（Runnable）

C. 运行状态（Running）

D. 关闭状态（Shut down）

【解析】线程的状态，包括新建状态（New）、就绪状态（Runnable）、运行状态（Running）、阻塞状态（Blocked）、死亡状态（Dead）。

【答案】D

20. 原型化方法是用户和设计者之间执行的一种交互构成，适用于开发的系统是（　　）。

A. 需求不确定性高的

B. 需求确定的

C. 分时

D. 实时

【解析】原型化方法适合于需求分析难度大的系统。

【答案】A

21. 在 UML 用例图中，参与者表示（　　）。

A. 人、硬件或其他系统可用扮演的角色

B. 可用完成多种动作的相同用户

C. 不管角色的实际物理用户

D. 带接口的物理系统或者硬件设计

【解析】参与者是指系统以外的，在使用系统或与系统交互中所扮演的角色。

【答案】A

22. 下列关于 UML 叙述正确的是（　　）。

A. UML 是一种语言，语言的使用者不能对其扩展

B. UML 仅是一组图形的集合

C. UML 仅适用于系统的分析与设计阶段

D. UML 是独立于软件开发过程的

【解析】UML 是一个通用的标准建模语言，可以对任何具有静态结构和动态行为的系统进行建模，而且适用于系统开发的不同阶段，从需求规格描述直至系统完成后的测试和维护。模型大多以图表的方式表现出来。因此，选项 A、B、C 错误，选项 D 正确。

【答案】D

23. 软件开发中的瀑布模型典型地刻画了软件生存周期的阶段划分，与其最相适应的软件开发方法是（　　）。

A. 构件化方法　　B. 结构化方法

C. 面向对象方法　　D. 快速原型方法

【解析】瀑布模型自诞生以来就被广泛采用，是因为它在支持结构化软件开发、控制软件开发的复杂性、促进软件开发工程化等方面的作用显著。

【答案】B

24. 软件部件的内部实现与外部可访问性的分离，是指软件的（　　）。

A. 继承性　　B. 共享性

C. 封装性　　D. 抽象性

【解析】封装是将相关的概念组成一个单元，然后通过一个名称来引用它。

【答案】C

25. 下列关于 C 语言的说法，错误的是（　　）。

A. 函数定义可以分为两个部分：函数说明和函数体

B. 主函数可以调用任何非主函数

C. 任何非主函数可以调用其他任何非主函数

D. 程序可以从任何函数开始执行

【解析】C 语言执行是从本程序的 main 函数开始，到 main 函数结束。

【答案】D

26. 软件测试的目的是（　　）。

A. 证明软件的正确性

B. 找出软件系统中存在的所有错误

C. 证明软件系统中存在错误

D. 尽可能多地发现软件系统中的错误

【解析】软件测试的目的是尽可能多地发现软件系统中的错误。

【答案】D

27. 小王是某软件公司的软件设计师，每当软件开发完成后均按公司规定申请软件著作权，该软件的著作权（　　）。

A. 应由小王享有

B. 应由公司和小王共同享有

C. 应由公司享有

D. 著作权归小王所有，署名权归公司所有

【解析】计算机软件等职务作品作者仅有署名权，著作权的其他权利主要是财产权，归单位享有。

【答案】C

28. 综合办公系统的架构为（　　）。

A. B/S 结构　　B. C/S 结构

C. 单机模式　　D. 多服务结构

【解析】综合办公系统为浏览器端/服务器端（Browser/Server）模式。

【答案】A

29. 下列关于 WebLogic 的 Domain 和 Server 的描述不正确的是（　　）。

A. Domain 是 WebLogic Server 管理的一个逻辑单元，至少包含一个 Server

B. 在创建 Server 和使用 Server 时需要先创建 Domain

C. 每个 Domain 都包括一个 config. xml 文件，在 Domain 的根目录下

D. Domain 不能跨越多个物理主机，只能配置在一个物理主机上

【解析】Domain，“域”就是逻辑上相关的一组 WebLogic Server 资源，可以作为一个单元进行管理，可以单机部署多个域，也可以单域部署于多机。

【答案】D

30. 王某买了一幅美术作品原件，他享有该美术作品的（　　）。

A. 著作权　　B. 所有权

C. 展览权　　D. 所有权与其展览权

【解析】根据我国著作权法的规定，王某通过购买获得美术产品的所有权，还获得了该产品原件的展览权，但著作权不随所有权转移而转移，仍归属于作品的创作者。

【答案】D

31. 模块 A 提供某个班级某门课程的成绩给模块 B，模块 B 计算平均成绩、最高分和最低分，再将计算结果返回给模块 A，则模块 B 在软件结构图中属于（　　）模块。

A. 传入　　B. 传出

C. 变换　　D. 协调

【解析】变换模块是处理输入数据，通过某种算法或逻辑转换这些数据，并产生输出的模块。

【答案】C

32. 下列选项中，属于静态单变量模型，用于对整个软件系统进行成本估算的是（　　）。

A. Putnam　　B. 基本 COCOMO

C. 中级 COCOMO　　D. 详细 COCOMO

【解析】基本 COCOMO 模型是一个静态单变量模型。它基于一个固定的变量来进行成本估算，不考虑多个变量的变化对成本的影响。

【答案】B

33. 编译程序对高级语言源程序进行编译时，要不断收集、记录和使用源程序中一些相关符号的类型和特征等信息，并将其存入（　　）中。

A. 符号表　　B. 哈希表

C. 动态查找表　　D. 栈和队列

【解析】符号表是编译过程中用于存储符号信息的一种数据结构。

【答案】A

34. 下列关于在引用调用方式下进行函数调用的表述中，正确的是（　　）。

A. 实参的值传递给形参

B. 实参的地址传递给形参

C. 形参的值传递给实参

D. 形参的地址传递给实参

【解析】引用调用是 C ++ 特有的概念。它是一种函数传递参数的方式，在引用调用方式下，实参的地址被传递给形参，这样形参就可以根据地址值访问和更改实参的内容，从而实现数据的双向传递。

【答案】B

35. 王某是某公司的软件设计师，每当软件开发完成后均按公司规定编写软件文档，并提交公司存档。那么该软件文档的著作权应由（　　）享有。

A. 公司

B. 公司和王某共同

C. 王某

D. 除署名权以外，著作权的其他权利由王某

【解析】王某作为某公司的软件设计师，开发的软件属于职务作品，除署名权外，著作权的其他权利归属于王某所在的公司。

【答案】A

36. 选择适当的解决方案，将系统分解为若干个子系统，并建立整个系统的体系结构，是在（　　）设计阶段进行的。

A. 概要　　B. 详细

C. 结构化　　D. 面向对象

【解析】概要设计将复杂的系统问题分解为更小的、更易于管理的子问题，并通过设计这些子系统的结构和相互作用来实现整个系统的功能。

【答案】A

37. C 程序中全局变量的存储空间在（　　）分配。

A. 代码区　　B. 静态数据区

C. 栈区　　D. 堆区

【解析】在 C 程序中，全局变量、静态局部变量，以及静态全局变量都存放在静态数据存储区。

【答案】B

38. 某公司计划开发一个产品，技术含量很高，与客户相关的风险也很多，则最适于采用的开发过程模型是（　　）模型。

A. 瀑布　　B. 原型

C. 增量　　D. 螺旋

【解析】螺旋模型结合了瀑布模型和快速原型模型的优点，同时加入了风险分析，非常适合处理复杂的大型软件项目。

【答案】D

39. 下列某企业财务系统的需求中，属于功能需求的是（　　）。

A. 每个月特定的时间发放员工工资

B. 系统的响应时间不超过 3 秒

C. 系统的计算精度符合财务规则的要求

D. 系统可以允许 100 个用户同时查询自己的工资

【解析】功能需求是系统需要执行的具体任务或操作。按时支付员工工资，是一个明确具体的业务需求。其他选项与系统的运行效率和稳定性相关。

【答案】A

40. 更适合用来开发操作系统的编程语言是（　　）。

A. C/C ++　　B. Java

C. Python　　D. JavaScript

【解析】C/C ++ 结合了高级语言的基本特点和汇编语言面向硬件及系统直接访问硬件的功能，还添加了面向对象编程的功能，是开发操作系统这种需要紧密集成硬件的软件首选开发语言。

【答案】A

41. 将高级语言源程序通过编译或解释方式进行翻译时，可以先生成与源程序等价的某种中间代码。以下关于中间代码的叙述正确的是（　　）。

A. 中间代码常采用符号表来表示

B. 后缀式和三地址码是常用的中间代码

C. 对中间代码进行优化要依据运行程序的机器特征

D. 中间代码不能跨平台

【解析】后缀式和三地址码是常用的中间代码形式。机器相关的优化是在代码生产阶段考虑的，中间代码的目的之一就是便于跨平台。

【答案】B

42. 模块 A 将学生信息，即学生姓名、学号、手机号等放到一个结构体中，传递给模块 B。模块 A 和模块 B 之间的耦合类型为（　　）耦合。

A. 数据　　B. 标记

C. 控制　　D. 内容

【解析】常见的耦合类型包括数据耦合、标记耦合、控制耦合和内容耦合。数据耦合是指两个模块之间通过数据参数来交换信息。标记耦合是指通过参数表传递数据结构。控制耦合是指传递信息包含控制信息；内容耦合是指一个模块直接访问另一个模块的内部。题干中传递的是一个数据结构，不是更大数据结构的子结构，没有包含控制信息，也没有直接访问另外一个模块的内部，因此属于数据耦合。

【答案】A

43. 系统交付用户使用后，为了改进系统的图形输出而对系统进行修改的维护行为属于（　　）维护。

A. 改正性　　B. 适应性

C. 改善性　　D. 预防性

【解析】改善性维护的主要目的是改进或提高系统的功能和性能。

【答案】C

44. 下列关于采用继承机制创建子类的表述，正确的是（　　）。

A. 子类中只能有父类中的属性

B. 子类中只能有父类中的行为

C. 子类中只能新增行为

D. 子类中可以有新的属性和行为

【解析】子类在继承父类的属性和行为的同时，也可以定义自己独有的属性和行为。

【答案】D

45. 甲软件公司受乙企业委托，安排公司软件设计师开发了信息系统管理软件。若在委托开发合同中未对软件著作权归属作出明确的约定，那么该信息系统管理软件的著作权由（　　）享有。

A. 甲　　　　B. 乙

C. 甲与乙共有　　　　D. 软件设计师

【解析】软件是自然人在任职期间开发的，著作权归自然人任职所在的法人组织或其他组织享有。接受他人委托开发的软件，其著作权的归属由委托人与受托人签订书面协议约定；无书面合同或合同未作明确约定的，归属于受托人，即软件开发方。

【答案】A

46. 在采用结构化开发方法进行软件开发时，在设计阶段，接口设计主要依据需求分析阶段的（　　）。

A. 数据流图　　　　B. E-R 图

C. 状态－迁移图　　　　D. 加工规格说明

【解析】接口设计是定义和规划系统组件之间相互通信的方式和规则。数据流图用于描述系统内部的数据流动和转换逻辑，不仅展示了系统的主要功能和数据流，还揭示了系统各部分之间的交互方式，从而为接口设计提供了基础和依据。

【答案】A

47. 在采用结构化开发方法进行软件开发时，接口设计的任务主要是（　　）。

A. 定义软件的主要结构元素及其之间的关系

B. 指定软件涉及的文件系统的结构及数据库的表结构

C. 描述软件与外部环境之间的交互关系，软件内模块之间的调用关系

D. 确定软件各个模块内部的算法和数据结构

【解析】定义软件的主要结构元素及其之间的关系，是系统结构设计或概要设计的任务之一。指定软件涉及的文件系统的结构及数据库的表结构，属于数据存储设计。确定软件各个模块内部的算法和数据结构，是详细设计的任务。接口设计的任务主要是依据需求分析阶段的数据流图，并定义软件的主要结构元素及其之间的关系，以及确定软件与外部环境之间的交互关系和软件内模块之间的调用关系。

【答案】C

48. 在以阶段划分的编译过程中，判断程序语句的形式是否正确属于（　　）阶段的工作。

A. 词法分析　　　　B. 语法分析

C. 语义分析　　　　D. 代码生成

【解析】语法分析的任务是根据语法规则分析单词串是否构成语法上正确的程序语句结构。

【答案】B

49. 在设计软件的模块结构时，不能改进设计质量的是（　　）。

A. 尽量减少高扇出结构

B. 模块的大小适中

C. 将具有相似功能的模块合并

D. 完善模块的功能

【解析】减少高扇出结构、模块大小适中、将具有相似功能的模块合并等，都是为了提高软件设计的可维护性、可读性和效率。完善模块的功能，仅涉及模块间的关系和复杂度的改变，并不能提高设计质量。

【答案】D

50. 在面向对象方法中，两个及以上的类作为一个类的超类时，称为（　　）。

A. 多重继承　　B. 多态

C. 封装　　D. 层次继承

【解析】多重继承是指在面向对象编程中，一个类可以从多个超类（也称父类）继承属性和方法的一种机制。这种机制允许一个类同时继承多个超类的特性和行为，从而扩展类的功能。

【答案】A

二、多项选择题

1. 以下属于软件工程方法学要素的有（　　）。

A. 方法　　B. 工具

C. 过程　　D. 对象

【解析】软件工程方法学包括三个要素：方法、工具和过程。

【答案】ABC

2. 一般来说，软件生命周期由（　　）三个时期组成。

A. 软件测试　　B. 软件定义

C. 软件开发　　D. 软件维护

【解析】一般来说，软件生命周期由软件定义、软件开发和软件维护三个时期组成。

【答案】BCD

3. 下列属于软件开发模型的有（　　）。

A. 瀑布模型　　B. 增量模型

C. 螺旋模型　　D. 快速原型模型

【解析】软件开发模型包括瀑布模型、螺旋模型、快速原型模型和增量模型。

【答案】ABCD

4. 下列关于各类文档撰写阶段的叙述中，正确的有（　　）。

A. 软件需求规格说明书在需求分析阶段撰写

B. 概要设计规格说明书在设计编码阶段撰写

C. 测试设计必须在测试阶段撰写

D. 测试分析报告在测试阶段撰写

【解析】软件测试流程分为需求分析阶段、设计编码阶段、测试阶段、用户测试阶段，测试设计一般在设计编码阶段完成。

【答案】ABD

5. 下列属于软件开发项目管理的变量有（　　）。

A. 范围　　B. 质量

C. 成本　　D. 交期

【解析】软件开发项目管理的四大变量包括：范围、质量、成本、交期。

【答案】ABCD

6. B/S 架构有三层，分别为（　　）。

A. 表现层　　B. 逻辑层

C. 物理层　　D. 数据层

【解析】B/S 架构有三层，分别为：第一层表现层；第二层逻辑层，主要是利用服务器完成客户端的应用逻辑功能；第三层数据层。

【答案】ABD

7. 下列属于 WebLogic 主要目录的有（　　）。

A. user_projects 目录　　B. utils 目录

C. WebLogic home 目录　　D. bin 目录

【解析】bin 目录隶属 user_projects 目录。

【答案】ABC

8. 在面向数据流的设计方法中，一般把数据流图中的数据流划分为（　　）。

A. 事务流　　B. 控制流

C. 变换流　　D. 数字流

【解析】在面向数据流的设计方法中，一般把数据流图中的数据流划分为变换流和事务流。

【答案】AC

9. 标准建模语言 UML 的主要内容可以由（　　）来定义。

A. 用例图　　B. 静态图

C. 动态图　　D. 交互图

【解析】标准建模语言 UML 的主要内容可以由用例图、静态图、行为图、交互图、实现图来定义。

【答案】ABD

10. 一个类中成员变量和成员函数有时也可以分别称为（　　）。

A. 属性　　B. 活动

C. 方法　　D. 数据

【解析】成员变量可以称为属性，成员函数可以称为方法。

【答案】AC

11. 确定构建软件系统所需的人数时，需要考虑的有（　　）。

A. 系统的市场前景　　B. 系统的规模

C. 系统的技术复杂度　　D. 项目计划

【解析】系统是否有市场前景不是考虑构建软件所需人数的必要因素。

【答案】BCD

12. 螺旋模型沿着螺线旋转，在笛卡儿坐标的4个象限上分别表达了（　　）方面的活动。

A. 制订计划　　B. 风险分析

C. 实施工程　　D. 客户评估

【解析】螺旋模型沿着螺线旋转，在笛卡儿坐标的4个象限上分别表达了4个方面的活动，分别为：制订计划、风险分析、实施工程、客户评估。

【答案】ABCD

13. 典型的瀑布模型的阶段包括（　　）。

A. 分析　　B. 设计

C. 编码　　D. 测试

【解析】瀑布模型规定了开发各阶段的活动为：提出系统需求、提出软件需求、需求分析、设计、编码、测试和运行，并且还规定了自上而下相互衔接的固定顺序，于是构成了人们熟知的瀑布模型。

【答案】ABCD

14. 关于面向对象的说法错误的有（　　）。

A. 类可以让我们用程序模拟现实世界中的实体

B. 有多少个实体就要创建多少个类

C. 对象的行为和属性被封装在类中，外界通过调用类的方法来获得，但是要知道类的内部是如何实现的

D. 现实世界中的某些实体不能用类来描述

【解析】类是现实世界中实体的形式化描述，类将该实体的数据和函数封装在一起。一个对象是现实世界中一个实体的抽象，一个类是一组对象的抽象。封装是将相关的概念组成一个单元，然后通过一个名称来引用它，外界对客体内部属性的所有访

问只能通过提供的用户接口实现。

【答案】BCD

15. 下列项目不是 Java 的主要优点的有（　　）。

A. 直接操作内存，功能强大

B. 一次编写，到处运行

C. 纯面向对象的语言

D. 可以通过拖曳的方式快速开发程序界面

【解析】Java 是一种跨平台，适合于分布式计算环境的面向对象编程语言。具体来说，它具有如下特性：简单性、面向对象、分布式、解释型、可靠、安全、平台无关、可移植、高性能、多线程、动态性等。

【答案】AD

16. 下列关于 Java 语言特点的叙述中，正确的有（　　）。

A. Java 是面向过程的编程语言

B. Java 支持分布式计算

C. Java 是跨平台的编程语言

D. Java 支持多线程

【解析】Java 语言特点：简单易学、利用面向对象技术、分布式计算、健壮性、安全性、跨平台、可移植性、解释执行、高性能、多线程、动态性、可提供 Applet 应用。

【答案】BCD

17. 下列选项中属于需求分析阶段任务的有（　　）。

A. 确定软件系统的功能需求

B. 确定软件系统的性能需求

C. 制订软件集成测试计划

D. 需求规格说明书评审

【解析】制订软件集成测试计划属于测试阶段任务。

【答案】ABD

18. WebLogic 集群应用的主要优点有（　　）。

A. 应用程序故障转移

B. 站点故障转移

C. 负载均衡

D. 方便消息的传递

【解析】WebLogic 集群中不管是管理服务器还是被管服务器，在出现故障时都能保证应用的继续运行。

【答案】ABC

19. 将高级语言源程序翻译为机器语言程序的过程中常引入中间代码，以下关于中间代码的叙述中，正确的有（　　）。

A. 不同的高级程序语言可以产生同一种中间代码

B. 使用中间代码有利于进行与机器无关的优化处理

C. 使用中间代码有利于提高编译程序的可移植性

D. 中间代码与机器语言代码在指令结构上必须一致

【解析】中间代码是一种简单且含义明确的记号系统，与具体的机器无关，可以将不同的高级程序语言翻译成同一种中间代码，与具体机器无关，使用中间代码有利于进行与机器无关的优化处理，提高编译程序的可移植性。

【答案】ABC

20. 对象是由一组属性和对这组属性进行操作的一组服务构成。构成对象的基本要素包括（　　）。

A. 对象标识　　B. 对象状态

C. 对象存储　　D. 对象行为

【解析】对象包含三个基本要素，分别是对象标识、对象状态和对象行为。

【答案】ABD

21. 下列选项中属于软件缺陷的有（　　）。

A. 软件没有实现产品规格说明所要求的功能

B. 软件中出现了产品规格说明不应该出现的功能

C. 软件实现了产品规格没有提到的功能

D. 软件实现了产品规格说明所要求的功能但因受性能限制而未考虑可移植性问题

【解析】软件缺陷，是指存在的某种破坏正常运行能力的问题、错误或隐藏的功能缺陷。软件缺陷的主要类型有：软件没有实现产品规格说明所要求的功能；软件中出现了产品规格说明不应该出现的功能；软件实现了产品规格没有提到的功能；软件没实现虽然规格说明中未明确提及但应实现的目标；软件难理解，不易使用。

【答案】ABC

22. 以下关于结构化开发方法的叙述中，正确的有（　　）。

A. 将数据流映射为软件系统的模块结构

B. 一般情况下，数据流类型包括变换流型和事务流型

C. 不同类型的数据流有不同的映射方法

D. 一个软件系统只有一种数据流类型

【解析】在实际的软件系统中，往往存在多种类型的数据流。在结构化开发中，需要根据系统的实际需求和数据流特点来确定合适的数据流类型，并采取不同的映射

方法。

【答案】ABC

23. 以下关于程序设计语言的叙述中，正确的有（　　）。

A. 程序设计语言的基本成分包括数据、运算、控制和传输等

B. 高级程序设计语言不依赖于具体的机器硬件

C. 程序中局部变量的值在运行时不能改变

D. 程序中常量的值在运行时不能改变

【解析】程序中局部变量的值在运行时是可以根据需要被修改的。

【答案】ABD

24. 以下关于程序设计语言的叙述中，正确的有（　　）。

A. 脚本语言中不使用变量和函数

B. 标记语言常用于描述格式化和链接

C. 脚本语言采用解释方式实现

D. 编译型语言的执行效率更高

【解析】脚本语言如 shell 脚本等，广泛使用变量和函数。

【答案】BCD

25. 极限编程（XP）的 12 个最佳实践包括（　　）。

A. 小型发布　　B. 结对编程

C. 持续集成　　D. 精心设计

【解析】极限编程（XP）是一种敏捷软件开发方法，12 个最佳实践包括：计划游戏、小型发布、系统隐喻、简单设计、测试驱动、重构、结对编程、集体所有权、持续集成、每周工作 40 小时、现场客户和编码标准。

【答案】ABC

26. 下列关于管道过滤器体系结构的优点的叙述中，正确的有（　　）。

A. 软件构件具有良好的高内聚、低耦合的特点

B. 支持重用

C. 支持并行执行

D. 能够直接提高性能

【解析】管道过滤器体系结构并不直接提高性能，而是提供了支持并行执行和重用等特性，有助于在某些情况下提高系统的整体性能。

【答案】ABC

27. 内聚性是软件工程中的概念，是判断软件设计好坏的标准。常见的内聚类型有（　　）。

A. 逻辑内聚　　B. 时间内聚

C. 过程内聚　　　　D. 通信内聚

【解析】常见的内聚类型包括逻辑内聚、时间内聚、过程内聚、通信内聚、顺序内聚、功能内聚和偶然内聚。在软件设计过程中，应追求高内聚和低耦合。

【答案】ABCD

28. 在高级语言源程序中，常需要用户定义的标识符为程序中的对象命名，常见的命名对象有（　　）。

A. 关键字（保留字）　　　　B. 变量

C. 函数　　　　D. 数据类型

【解析】关键字是由编程语言预定义的，具有特殊含义的标识符，不是用户定义的命名队形。数据类型是由高级语言预定义的，不是用户命名。变量、函数是用户定义的命名对象。

【答案】BC

29. 以下关于极限编程（XP）中结对编程的叙述中，正确的有（　　）。

A. 支持共同代码拥有和共同对系统负责

B. 承担了非正式的代码审查过程

C. 代码质量更高

D. 编码速度更快

【解析】结对编程中，需要不断沟通和协调，编码速度不一定更快。

【答案】ABC

30. 以下关于螺旋模型的叙述中，正确的有（　　）。

A. 它是风险驱动的，要求开发人员必须具有丰富的风险评估知识和经验

B. 它可以降低过多测试或测试不足带来的风险

C. 它包含维护周期，因此维护和开发之间没有本质区别

D. 不适用于大型软件开发

【解析】螺旋模型引入了风险分析，更适合大型、昂贵的系统级的软件应用。这是由于大型软件开发项目通常具有更大的风险性和复杂性。

【答案】ABC

31. 属于软件质量特性中的可移植性的有（　　）。

A. 适应性　　　　B. 易安装性

C. 易替换性　　　　D. 易理解性

【解析】可移植性是软件从一种环境转移到另一种环境的能力，包括适应性、易安装性、易替换性。易理解性通常属于软件的可维护特性。

【答案】ABC

三、判断题

1. 目标程序是指用高级语言或者汇编语言编写的程序。（　　）

【解析】源程序是指用高级语言或者汇编语言编写的程序。目标程序是指源程序通过编译或解释加工后能直接被计算机执行的程序。

【答案】错误

2. 面向过程方法学和面向对象方法学是目前使用最广泛的两种软件工程方法学。（　　）

【解析】传统方法学和面向对象方法学是目前使用最广泛的两种软件工程方法学。传统方法学也称为生命周期方法学或结构化范型。

【答案】错误

3. 软件开发过程中，需求分析阶段的输出有软件体系结构图。（　　）

【解析】软件体系结构图是设计阶段的输出。

【答案】错误

4. 软件开发模型中的增量模型有利于模块的划分。（　　）

【解析】增量模型的缺点是要求待开发的软件系统可以被模块化。如果待开发的软件系统很难被模块化，那么将会给增量开发带来很多麻烦。

【答案】错误

5. 一个模块与其他模块的耦合性越强则该模块的模块独立性越强。（　　）

【解析】一个模块与其他模块的耦合性越强则该模块的模块独立性越弱。

【答案】错误

6. 大部分错误是在编码时造成的，因此在编码阶段需要进行严格的审计。（　　）

【解析】大部分错误是在编码前造成的，各个阶段都要进行严格的评审。

【答案】错误

7. 中间件可以理解为是一种独立的系统软件或服务程序，分布式应用软件借助这种软件在不同的技术之间共享资源。（　　）

【解析】中间件是一种独立的系统软件服务程序，分布式应用软件借助这种软件在不同的技术之间共享资源，中间件位于客户机服务器的操作系统之上，管理计算资源和网络通信。

【答案】正确

8. WebLogic 是遵循 TCP/IP 标准的中间件。（　　）

【解析】WebLogic 是遵循 J2EE 标准的中间件。

【答案】错误

9. Web 页面中的 Java 代码是在浏览器端执行的。（　　）

【解析】Web 页面中的 Java 代码是在服务器端执行的。

【答案】错误

10. 线程是一个正在执行的程序，是操作系统结构的基础。 ( )

【解析】进程是操作系统结构的基础，是一个正在执行的程序。

【答案】错误

11. 多继承中的子类可以从多于一个的父类继承，Java 是多继承的语言。 ( )

【解析】多继承中的子类可以从多于一个的父类继承，Java 是单继承的语言，C ++ 是多继承的语言。

【答案】错误

12. 改正在软件系统开发阶段已经发生而系统测试阶段还没有发现的错误，属于完善性维护。 ( )

【解析】改正在软件系统开发阶段已经发生而系统测试阶段还没有发现的错误，属于正确性维护。

【答案】错误

13. 多态性是一种方法，这种方法使得在多个类中可以定义同一个操作或属性名，并在每个类中可以有不同的实现。 ( )

【解析】略。

【答案】正确

14. 项目范围管理的作用就是保证项目计划包括且仅包括为成功地完成项目所需要进行的所有工作。 ( )

【解析】略。

【答案】正确

15. 文本组件分成三种：文本框、密码框和文本域，只有文本框和密码框可以放在 form 标记中用于接收文本数据。 ( )

【解析】文本框、密码框和文本域都可以放在 form 标记中用于接收文本数据。

【答案】错误

16. <body>标记用来定义文档的主体，包含文档的所有内容在<body>中的内容都会显示到浏览器的内容窗口中，它有对应的结束标记</body>。 ( )

【解析】略。

【答案】正确

17. 软件开发阶段，总体设计的任务是设计软件的结构，即确定程序的模块组成以及模块间的关系，通常用层次图或结构图描绘软件的结构。 ( )

【解析】略。

【答案】正确

18. B/S 结构编程语言分为浏览器端编程语言和服务器端编程语言。浏览器端编程语言包括 ASP（或 ASP. NET）、JSP/Servlet、PHP。服务器端编程主要有 HTML、CSS、JavaScript 语言和 VBScript 语言等。 （ ）

【解析】ASP（或 ASP. NET）、JSP/Servlet、PHP 是服务器端编程。HTML、CSS、JavaScript 语言和 VBScript 语言是浏览器端编程语言。

【答案】错误

19. 某软件公司项目组的程序员小张根据公司分配的工作编写软件开发程序，并将文档上交公司存档。该软件的著作权由小张享有。 （ ）

【解析】项目组程序员编写程序属于职务行为，此种情况下，著作权归软件公司所有。

【答案】错误

20. 李某购买了一张有注册商标的应用软件光盘，则李某享有该软件的所有权。 （ ）

【解析】李某支付对价获得该光盘的所有权，而不是该软件的所有权。

【答案】错误

21. 某模块内涉及多个功能，这些功能必须以特定的次序执行，该模块的内聚类型为时间内聚。 （ ）

【解析】时间内聚模块的特点是模块内部的各个组成部分所包含的处理动作必须在同一时间间隔内执行。过程内聚是指模块内的处理元素是相关的，而且必须以特定次序执行。

【答案】错误

22. 在面向对象方法中，当类中的属性或方法被设计为 private 时，只有此类中定义的方法可以对其进行访问。 （ ）

【解析】将数据成员和方法设计为 private 是一种封装技术，可以保护数据不被外部类直接访问，从而增强数据的安全性。

【答案】正确

23. 向对象分析过程中，从给定需求描述中选择动词短语识别对象。 （ ）

【解析】在面向对象分析过程中，从给定需求描述中选择名词短语来识别对象，选择动词短语来识别对象的操作。

【答案】错误

24. 在 C/S（客户机/服务器）系统结构中，系统安装、修改和维护均只能在服务器端进行。 （ ）

【解析】在 C/S 系统结构中，客户端也可以进行软件安装、修改和维护。

【答案】错误

25. 采用面向对象方法进行软件开发，在分析阶段，架构师主要关注系统的部署。（　　）

【解析】在分析阶段，架构师要关注系统如何工作，即系统行为。技术在后续设计和实现阶段中考虑；部署在软件开发过程中的一个后期阶段考虑；实现是在软件开发中的编码阶段考虑。

【答案】错误

26. 专利权的保护期是可以延长的。（　　）

【解析】不同类型的专利权的保护期是固定的，即使专利权人提出申请，也不能延长保护期限。著作权的保护期是可以延长的。

【答案】错误

27. 软件测试的目的是证明软件的正确性。（　　）

【解析】软件测试的目的是尽可能多地发现软件系统中的错误，而不是证明软件的正确性。

【答案】错误

28. 在面向对象方法中，不同对象收到同一消息可以产生完全不同的结果，这一现象称为重写（覆盖）。（　　）

【解析】在面向对象方法中，不同对象收到同一消息可以产生完全不同的结果，这一现象称为多态。多态允许在父类类型中引用子类的对象，并调用在子类中重写（覆盖）的方法。多态的实现依赖于继承和方法的重写（覆盖）。

【答案】错误

29. 在结构化分析中，用数据流图来描述数据在系统中如何被传送或变换，以及描述系统的逻辑功能。（　　）

【解析】数据流图是一种图形化技术，用于表示软件系统的逻辑模型。它主要从数据传递和加工的角度，通过图形方式展示系统的逻辑功能、数据在系统内部的逻辑流向和逻辑变换过程。

【答案】正确

30. 在软件开发过程中，软件体系结构图在需求分析阶段输出。（　　）

【解析】软件体系结构图通常在软件设计阶段产生。需求分析阶段主要输出需求规格说明书、数据流图、用例图等。

【答案】错误

四、案例分析题

1. 某宾馆为了有效地管理客房资源，满足不同客户的需求，拟构建一套宾馆信息管理系统，以方便宾馆管理及客房预订等业务活动。

需求分析结果：

该系统的部分功能及初步需求分析的结果如下：

（1）宾馆有多个部门，部门信息包括部门号、部门名称、电话、经理。每个部门可以有多名员工，每名员工只属于一个部门；每个部门只有一名经理负责管理本部门。

（2）员工信息包括员工号、姓名、岗位、电话、工资，其中，员工号唯一标识员工关系中的一个元组，岗位有经理、业务员。

（3）客房信息包括客房号（如1301、1302等）、客房类型、收费标准、入住状态（已入住/未入住），其中客房号唯一标识客房关系中的一个元组，不同客房类型具有不同的收费标准。

（4）客户信息包括客户号、单位名称、联系人、联系电话、联系地址，其中客户号唯一标识客户关系中的一个元组。

（5）客户预订客房时，需要填写预订申请。预订申请信息包括申请号、客户号、入住时间、入住天数、客房类型、客房数量，其中，一个申请号唯一标识预订申请中的一个元组；一位客户可以有多个预订申请，但一个预订申请对应唯一的一位客户。

（6）当客户入住时，业务员根据客户的预订申请负责安排入住客房事宜。安排信息包括客房号、姓名、性别、身份证号、入住时间、天数、电话，其中客房号、身份证号和入住时间唯一标识一次安排。一名业务员可以安排多个预订申请，一个预订申请只由一名业务员安排，而且可安排多间同类型的客房。

概念模型设计：

根据需求阶段收集的信息，设计的实体联系图，如图6－1所示。

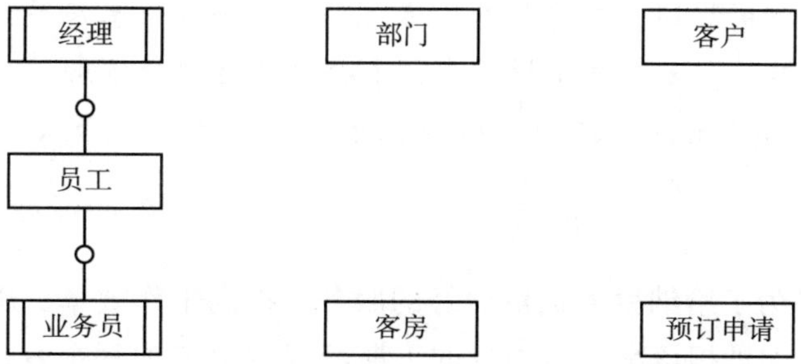

图6－1　实体联系图

关系模式设计：

部门（部门号，部门名称，经理，电话）

员工［员工号，(a)，姓名，岗位，电话，工资］

客户［(b)，联系人，联系电话，联系地址］

客房（客房号，客房类型，收费标准，入住状态）

预订申请［（c），入住时间，天数，客房类型，客房数量］

安排［申请号，客房号，姓名，性别，（d），天数，电话，业务员］

问题：（1）根据问题描述，补充四个联系，完善图6－1的实体联系图。联系名可用联系1、联系2、联系3和联系4代替，联系的类型为1∶1，1∶n 和 m∶n（或1∶1，1∶＊和＊∶＊）。

（2）根据题意，将关系模式中的空（a）～（d）补充完整。

（3）给出“预订申请”和“安排”关系模式的主键和外键。

（4）“关系模式设计”中的“客房”关系模式是否存在规范性问题，请用100字以内文字解释你的观点（若存在问题，应说明如何修改“客房”关系模式）。

【答案】（1）经理与部门之间存在1∶1的联系；

部门与员工之间存在1∶n 的联系；

客户与预订申请之间存在1∶n 的联系；

业务员、客房、预订申请之间存在1∶m∶n 的联系。

（2）（a）部门号。

（b）客户号、单位名称。

（c）申请号、客户号。

（d）身份证号、入住时间。

（3）预订申请关系模式中的主键是申请号，外键是申请号、客户号。

安排关系模式中的主键是：客房号、身份证号、入住时间，外键是：申请号、客房号、业务员。

（4）根据试题中的描述，客房信息中客房号是唯一标识客房关系的一个元组，即可以作为唯一的主键。在客房关系模式中，不存在其他部分依赖关系，但客房号→类型→收费标准，存在传递函数依赖，所以冗余，添加异常，修改异常，删除异常均存在。

2. 某市税务局为了给纳税人提供更好的服务，提高工作效率，决定建设移动办税系统，并选择A公司承担该项目，项目的工期经双方协定为6个月，A公司指定项目经理李某负责该项目。李某带领项目团队完成了项目的需求分析，编制了项目范围说明书，并通过了审查，得到了甲方的确认。

项目进入编码阶段后，税务局项目负责人通知李某，由于政策的变化，一些业务流程发生变更，并答应延长项目工期2个月，同时支付相应的费用，李某凭借自己项目管理的经验，认为这些变更在约定的工期内可以完成，因此直接答应了对方的变更要求，随后，李某找到负责变更模块的项目组成员，要求其完成对业务流程变更的修改。

在项目继续实施的过程中，项目组成员抱怨业务流程变更较大，原来的代码需要重写，很难在计划的时间内完成业务流程的变更任务，而且，系统其他模块的成员发现已经完成的一些功能突然出现错误，经过分析发现是受业务流程变更的影响。项目团队成员不得不重新修改并测试出现问题的功能模块，从而导致项目进度大大落后于计划，整个项目看来很难在预定工期内完工。

问题：（1）请指出税务局项目负责人提出的变更要求，除了项目范围外，可能会对项目管理的哪些方面造成影响。

（2）请简要分析李某在项目管理方面存在哪些问题，导致项目进度大大落后于计划。

（3）李某意识到项目存在的问题后，采取了改进措施，并与用户就项目进度重新达成了一致，项目进展较为顺利，在项目开发过程中，李某认为需要对项目需求变更进行验证和确认，作为项目经理，李某应如何开展此项工作？

【答案】（1）对项目管理的进度、成本、质量、人力资源、合同等方面都会有影响，例如：工期可能延期、成本可能超支、质量基准可能降低、可能需要增加人员、可能需要签署补充协议等。

（2）没有遵循规范的变更管理流程；没有和项目的相关干系人进行变更评审；仅凭借项目经验对项目的变更历时进行估算，没有进行严格的历时估算；没有认真分析变更所影响的功能，并通知所有相关干系人；对变更的实施过程缺乏有效的监控。

（3）通过检查和评审，确保更新后的软件需求规格说明能够正确地反映变更的各个方面，使用需求跟踪矩阵找出受变更影响的各个部分，然后需要验证它们是否实现了变更。当验证通过后，安装更新后的工作产品部分，并通过调试使之能与其他部分正常工作。

3. A公司为提升市场竞争力，计划针对制造业数字化转型的需求，新开发一套数字化软件，以实现在工业产品生产和制造过程中的数据采集、分析和决策功能。公司让产品部前期对市场需求进行调研。产品部对软件预期能产生的经济效益和社会效益进行了详细分析，并编制了《可行性分析报告》。公司高层领导看了报告后，认为该软件未来将为公司带来巨大的收益，当即决定启动项目，要求产品部补充编制《项目建议书》，并组建项目团队。

小王作为某名校计算机专业刚毕业的研究生，被公司委以重任，担任该项目的项目经理。研发负责人向小王建议为配置管理设置一名专职配置管理员，但小王认为有配置管理工具对代码进行控制，大家只要对程序代码做好版本控制就可以了，考虑到项目组人员紧张，没必要再安排专人负责配置管理工作。

在开发过程中，为避免多人同时修改代码导致冲突，研发人员要先将服务器上的代码下载，待编码完成后，使用文本对比工具将代码中修改的部分进行上传整合。

软件研发完成测试通过后，研发人员将最终版本软件和软件使用说明书提供给产品部。产品部人员发现说明书描述与软件并不完全一致，于是将问题反馈给小王。小王经检查发现提交的说明书并不是最新的说明书。

根据以上资料，请回答以下问题。

（1）可行性分析是通过对项目的主要内容和配套条件进行调查研究和分析比较，为项目决策提供依据的一种综合性的系统分析方法，包括（　　）。（多选）

A. 投资必要性　　B. 技术可行性

C. 组织可行性　　D. 市场可行性

【解析】可行性分析主要针对投资必要性、技术可行性、组织可行性、风险因素及对策进行研究分析。

【答案】ABC

（2）A 公司分析项目可行性研究中存在的问题有（　　）。（多选）

A. 可行性研究只做了经济效益和社会效益，不全面

B.《可行性研究报告》高层领导拍板决定，未经充分论证

C. 不应由产品部进行市场调研，要由市场部进行市场调研

D.《项目建议书》不应后期补充编制，应放在第一步

【解析】项目可行性研究由哪个部门承担是企业内部治理问题。

【答案】ACD

（3）A 公司在项目配置管理方面存在的问题有（　　）。（多选）

A. 没有配置专职的配置管理员和有效的配置管理工具

B. 没有做好配置项的识别工作及基线

C. 没有建立规范的配置控制流程

D. 没有做好配置状态报告、配置审计

【解析】配置管理存在的问题有项目经理小王经验不足、没有制定配置管理计划、没有建立规范的配置控制流程、没有做好配置项的识别等。

【答案】ABCD

（4）项目建议书是提交项目申请时所必需的文件，对拟建项目提出框架性总体设想，在项目建议书批准后，方可开展对外工作。其核心内容包括（　　）。（多选）

A. 项目的必要性

B. 项目建设的必需条件

C. 项目的市场预测

D. 项目存在的风险及对策

【解析】项目建议书核心内容包括：项目的必要性、项目建设的必需条件、项目的市场预测、产品方案或服务的市场预测。

【答案】ABC

（5）下列关于项目组在软件研发完成后、移交产品部之前，应完成的结项工作，说法不正确的是（　　）。（单选）

A. 要对产品进行系统测试，确保可交付成果满足需求

B. 准备好项目相关的最终产品，包括代码、用户说明、测试用例等，准备移交

C. 准备好验收工作相关的文档，以备签字确认验收

D. 形成《项目验收鉴定书》

【解析】《项目验收鉴定书》是移交产品部之后形成的。

【答案】D

错题、要点整理页

第七章 计算与存储

>> 本章知识框架

节	细目	知识点	学习进度
主机	服务器	【知识点 1】服务器简介	
		【知识点 2】按体系架构分类	
		【知识点 3】按应用层次分类	
		【知识点 4】按服务器的机箱结构分类	
	小型机	【知识点 1】小型机的概念和特点	
		【知识点 2】CPU 指令集	
		【知识点 3】小型机的操作系统	
	服务器操作系统	【知识点 1】操作系统	
		【知识点 2】Linux	
		【知识点 3】UNIX	
		【知识点 4】Windows Server	
	Linux 操作系统	【知识点 1】Linux 层次结构、内核、Shell 与文件系统	
		【知识点 2】Linux 下的磁盘分区和逻辑卷管理器（LVM）	
		【知识点 3】Linux 日志文件系统	
存储	数据存储方式分类	【知识点 1】以服务器为中心的架构	
		【知识点 2】以存储为中心的架构	
		【知识点 3】以网络为中心的架构	

续表

节	细目	知识点	学习进度
存储	磁盘接口技术	【知识点 1】SCSI 磁盘接口	
		【知识点 2】SATA 磁盘接口	
		【知识点 3】SAS 接口	
	磁盘阵列技术	【知识点 1】RAID 概述	
		【知识点 2】主要 RAID 模式	
		【知识点 3】主要阵列模式比较	
		【知识点 4】IDE RAID 与 SCSI RAID 的比较	
		【知识点 5】SATA RAID 的选型考虑	
	网络存储技术	【知识点 1】NAS 存储技术	
		【知识点 2】SAN 存储技术	
		【知识点 3】FC SAN	
		【知识点 4】IP SAN	
		【知识点 5】iSCSI 协议	
		【知识点 6】FCIP	
		【知识点 7】iFCP	
	存储管理与应用	【知识点 1】SAN 交换机	
		【知识点 2】存储空间管理（LUN 管理）	
虚拟化	系统虚拟化的概念	【知识点 1】系统虚拟化	
		【知识点 2】创建虚拟服务器	
	系统虚拟化实现原理	【知识点 1】虚拟化运行机制	
		【知识点 2】系统虚拟化原理	
		【知识点 3】虚拟化技术按系统层级分类	
	服务器虚拟化概述	【知识点 1】服务器虚拟化技术的概念	
		【知识点 2】服务器虚拟化的实现	
		【知识点 3】服务器虚拟化缺点	
	X86 平台虚拟化技术	【知识点 1】X86 平台虚拟化技术分类	
		【知识点 2】X86 平台虚拟化产品	
		【知识点 3】VM 虚拟机与迁移	
	虚拟化风险与控制	【知识点】常见虚拟化风险与控制	

>> 习题演练

一、单项选择题

1. X86 服务器即通常所讲的 PC 服务器，其所使用的服务器架构是（　　）。

A. CISC　　B. SCSI

C. EPIC　　D. RISC

【解析】X86 服务器，又称 CISC（复杂指令集）架构服务器。

【答案】A

2. 在标准高度的机架式机箱内插装多个卡式的服务器单元，以实现高可用和高密度的服务器是（　　）。

A. 台式服务器　　B. 机架式服务器

C. 刀片式服务器　　D. 机柜式服务器

【解析】在标准高度的机架式机箱内插装多个卡式的服务器单元，以实现高可用和高密度的服务器是刀片式服务器。

【答案】C

3. 小型机是性能和价格介于 PC 服务器和大型主机之间的一种高性能 64 位计算机，其采用的处理器是（　　）。

A. CISC　　B. SCSI

C. EPIC　　D. RISC

【解析】小型机采用精简指令集 RISC 处理器。

【答案】D

4. IBM 的小型机采用的操作系统是（　　）。

A. RedHat　　B. AIX

C. Windows Server　　D. HP-UX

【解析】IBM 的小型机采用的是 AIX 操作系统。

【答案】B

5. Linux 操作系统支持许多不同类型的文件系统，最普遍使用的文件系统是（　　）。

A. FAT　　B. FAT32

C. VFAT　　D. Ext2

【解析】Linux 操作系统支持许多不同类型的文件系统，最普遍使用的文件系统是 Ext2。

【答案】D

6. 不具备扩展性的存储架构是（　　）。

A. DAS　　B. NAS

C. SAN　　D. IP SAN

【解析】DAS（Direct-Attached Storage，直连式存储）与服务器主机之间的连接通常采用 SCSI 连接，这种连接方式下，每台 PC 或服务器单独拥有自己的存储磁盘，容量的再分配困难，不具备可扩展性。

【答案】A

7. 在 AIX 操作系统中，其架构的基础是（　　）。

A. 模块化　　B. 流程化

C. 多态化　　D. 静态化

【解析】在 AIX 中，模块化是其构架的基础。

【答案】A

8. 在同一独立的计算机硬件平台上，同时安装多种操作系统，并同时运行这些操作系统的系统结构被设计出来，这一技术被称为计算机（　　）技术。

A. 模块化　　B. 多态化

C. 动态化　　D. 虚拟化

【解析】系统虚拟化是在一台物理计算机系统上虚拟出一台或多台虚拟计算机系统。

【答案】D

9. 对服务器而言，“U”是指（　　）。

A. 重量单位　　B. 体积单位

C. 外部尺寸单位　　D. 标准性能单位

【解析】U 是一种表示服务器外部尺寸的单位，是 Unit 的缩略语。

【答案】C

10. Windows Server 2019 远程桌面端口号默认是（　　）。

A. 21　　B. 20

C. 80　　D. 3389

【解析】Windows Server 2019 远程桌面端口号默认是 3389。

【答案】D

11. 在 Linux 系统环境中，可以将普通用户转换为超级用户的命令是（　　）。

A. super　　B. passwd

C. tar　　D. su

【解析】在 Linux 系统环境中，su 命令可以将普通用户转换为超级用户。

【答案】D

12. Linux 系统中，使用 rpm 安装一个软件的正确命令是（　　）。

A. rpm-e　　B. rpm-v

C. rpm-i　　D. rpm-u

【解析】Linux 系统中，使用 rpm 安装一个软件的正确命令是 rpm-i。

【答案】C

13. 在 Linux 系统中，第一个 IDE 接硬盘的第一个分区对应的设备文件是（　　）。

A. /dev/hdal　　B. /dev/sdal

C. /dev/sdl　　D. /dev/hdl

【解析】在 Linux 系统中，第一个 IDE 接硬盘的第一个分区对应的设备文件是/dev/hdal。

【答案】A

14. Linux 系统中，/root 目录是（　　）。

A. 系统的根目录　　B. 超级用户的主目录

C. 动态链接库　　D. 系统管理程序

【解析】Linux 系统中，/root 目录是超级用户的主目录。

【答案】B

15. 下列对于 AIX 存储概念的描述正确的是（　　）。

A. 文件系统可以跨越物理卷

B. 一个物理卷可以属于多个卷组

C. 一个逻辑卷最多可以在两个卷组中各自存在两个备份

D. 文件系统的大小与它的逻辑卷的大小相同

【解析】对于 AIX 存储来说，文件系统可以跨越物理卷。

【答案】A

16. 下列 RAID 技术中，要损失磁盘总容量一半的是（　　）。

A. RAID 0　　B. RAID 1

C. RAID 2　　D. RAID 0 +1

【解析】RAID 1 的设计目的是打造一个安全性极高的存储系统。它使用一个磁盘作为主磁盘的实时镜像，因此损失了一半容量。

【答案】B

17. 8 个 300GB 的硬盘做 RAID 6 后的容量空间为（　　）。

A. 1200GB　　B. 1. 8TB

C. 2. 1TB　　D. 2. 4TB

【解析】RAID6 将校验码写入两个硬盘里，故牺牲 600GB 的存储空间，可用空间为 1.8TB。

【答案】B

18. SAN 是一种（　　）。

A. 存储设备

B. 专为数据存储而设计和构建的网络

C. 光纤交换机

D. HBA

【解析】SAN 的支撑技术是光纤通道技术，是专为数据存储而设计和构建的网络。

【答案】B

19. 下列不是 SAN 与 NAS 差异的是（　　）。

A. NAS 设备拥有自己的文件系统，而 SAN 没有

B. NAS 适合于文件传输与存储，而 SAN 对于块数据的传输和存储效率更高

C. SAN 可以扩展存储空间，而 NAS 不能

D. SAN 是一种网络架构，而 NAS 是一个专用型的文件存储服务器

【解析】NAS 数据存储方式是基于以太局域网设计的，按照传统的 TCP/IP 协议进行通信，面向消息传递，以文件的 I/O 方式进行数据传输。SAN 的支撑技术是光纤通道技术，是专为数据存储而设计和构建的网络。SAN 与 DAS、NAS 的数据传输方式是完全不同的，DAS 和 SAN 是以文件（File）的方式进行传输的，就像在自己主机中打开文件一样，而 SAN 是以数据块（Block）的方式进行传输的。

【答案】B

20. 要从一个坏的硬盘上转移数据到一个新的硬盘，首先要做的操作是（　　）。

A. 把逻辑卷转移到新的硬盘上

B. 添加一个新的硬盘到原有的卷组

C. 在新硬盘上创建坏硬盘的文件系统的拷贝

D. 在新硬盘上创建坏硬盘的逻辑卷的镜像

【解析】要从一个坏的硬盘上转移数据到一个新的硬盘，首先要添加一个新的硬盘到原有的卷组。

【答案】B

21. 磁盘阵列中映射给主机使用的通用存储空间单元被称为（　　），它是在 RAID 的基础上创建的逻辑空间。

A. LUN　　　　B. RAID

C. 硬盘　　　　D. 磁盘阵列

【解析】磁盘阵列中映射给主机使用的通用存储空间单元被称为 LUN。LUN，中文名为 iSCSI 磁盘驱动器子系统上的逻辑单元号。

【答案】A

22. 8 个 300GB 的硬盘做 RAID 5 后的容量空间为（　　）。

A. 1200GB　　B. 1800GB

C. 2100GB　　D. 2400GB

【解析】RAID 5 容量计算：$(n-1)/n$ 的总磁盘容量（n 为磁盘数）。

【答案】C

23. 在服务器开机无显示时，下列做法错误的是（　　）。

A. 更换 CPU

B. 更换主板

C. 去掉或增加 CPU

D. 检查网线是否连接

【解析】网络连接与服务器开机无显示无关。

【答案】D

24. 当 Windows Server 2019 R2 操作系统安装完成后，第一次登录时使用的用户账户为（　　）。

A. 只能是 administrator

B. 只能是 administrators

C. 可以是 administrator 或 guest

D. 可以是安装过程中创建的任意账户

【解析】第一次登录使用可以是安装过程中创建的任意账户。

【答案】D

25. AIX 属于（　　）。

A. Linux　　B. UNIX

C. freeBSD　　D. 其他操作系统

【解析】AIX 是 IBM 基于 AT&T UNIX System V 开发的一套类 UNIX 操作系统。

【答案】B

26. 为了提高系统安全，希望禁止 AIX 服务器上的 telnet 服务，应该编辑的配置文件是（　　）。

A. /etc/inittab　　B. /etc/rc. net

C. /etc/inetd. conf　　D. /etc/netsvc. conf

【解析】应该通过编辑 inetd. conf 文件来禁止 telnet 服务。

【答案】C

27. 客户/服务器体系结构功能分布的结果是减轻了（　　）。

A. 服务器的负担　　B. I/O 通道的压力

C. 客户端的负担　　D. CPU 的负担

【解析】通过客户端来减轻服务器的负担。

【答案】A

28. UNIX 操作系统是一个（　　）。

A. 多用户单任务的操作系统

B. 有良好图形用户界面的操作系统

C. 多用户分时操作系统

D. 为用户提供命令行方式交互的、可移植性差的操作系统

【解析】UNIX 操作系统是一个强大的多用户、多任务操作系统，支持多种处理器架构，按照操作系统的分类，属于分时操作系统。

【答案】C

29. 下列关于网络服务器选型原则的描述中，错误的是（　　）。

A. 首先要确保价格低廉，售后服务好

B. 以够用为准则，适当考虑扩展性

C. 强调性能要稳定，要便于操作管理

D. 配件搭配合理，兼顾考虑应用的特殊需要

【解析】网络服务器选型首先要考虑性能，而不是确保价格低廉。

【答案】A

30. 数据备份方式不能保证数据一致性的是（　　）。

A. 全量复制　　B. 同步镜像

C. 异步镜像　　D. 增量复制

【解析】异步镜像应用于较高级别的容灾方案中，无法有效保证数据的一致性。

【答案】C

31. 硬件虚拟化是使用软件的方法重新定义划分 IT 资源，是云计算的基础技术。如果一个虚拟机因为错误而崩溃，同一物理主机上的其他虚拟机不会受到影响，这是虚拟化技术的（　　）特性。

A. 兼容性　　B. 隔离性

C. 独立于硬件　　D. 统一性

【解析】隔离性保证了虚拟机的独立性和安全性，是虚拟化技术的一个重要特性。

【答案】B

32. 服务器发生故障时，可以保障业务的连续性功能的是（　　）。

A. 虚拟机休眠

B. 虚拟机蓝屏恢复

C. 虚拟机高可用性（HA）

D. 虚拟机热迁移

【解析】虚拟机 HA 在服务器发生故障时自动将虚拟机迁移到健康的服务器上，确保业务的连续性。

【答案】C

二、多项选择题

1. 服务器操作系统也称网络操作系统，相比个人版操作系统，它要承担额外的管理、配置、稳定、安全等功能。以下属于服务器操作系统的有（　　）。

A. Linux　　B. UNIX

C. Windows　　D. macOS

【解析】服务器操作系统主要分为三类：Linux、UNIX、Windows。macOS 是苹果公司的操作系统，主要应用于其 PC 电脑等产品上。

【答案】ABC

2. 服务器，是指一个管理资源并为用户提供服务的计算机，根据用途不同可分为（　　）。

A. 台式服务器　　B. 文件服务器

C. 数据库服务器　　D. 应用程序服务器

【解析】服务器根据用途不同可分为文件服务器、数据库服务器和应用程序服务器等。台式服务器是根据服务器机箱结构来划分的。

【答案】BCD

3. 下列属于服务器特点的有（　　）。

A. 可扩展性　　B. 易使用性

C. 可用性　　D. 易管理性

【解析】以上选项均属于服务器的特点。

【答案】ABCD

4. 在特性上小型机跟普通的服务器有很大差别，最重要的一点就是小型机具有（　　）。

A. 高可靠性　　B. 高传输性

C. 高可用性　　D. 高服务性

【解析】小型机 RAS 特性：高可靠性（reliability）、高可用性（availability）、高服务性（serviceability）。

【答案】ACD

5. 下列属于 Linux 内核组成部分的有（　　）。

A. 设备驱动程序　　B. 文件系统

C. 进程管理　　　　　　　　D. 网络管理

【解析】Linux 内核由如下五部分组成：内存管理、进程管理、设备驱动程序、文件系统和网络管理等。

【答案】ABCD

6. 常见的数据存储方式有（　　）。

A. DNS　　　　　　　　B. SAN

C. DAS　　　　　　　　D. NAS

【解析】数据存储方式有：以服务器为中心的架构（DAS）；以存储为中心的架构（NAS）；以网络为中心的架构（SAN）。

【答案】BCD

7. 下列属于 X86 平台虚拟化技术的有（　　）。

A. 全硬件仿真虚拟化技术

B. 应用系统虚拟化技术

C. 半虚拟化技术

D. 操作系统级虚拟化技术

【解析】X86 平台虚拟化技术主要可以分为全硬件仿真虚拟化技术、半虚拟化技术、操作系统级虚拟化技术。

【答案】ACD

8. 云计算是建立在（　　）技术基础上的。

A. 并行计算　　　　　　　　B. 网格计算

C. 分布式计算　　　　　　　D. 虚拟化

【解析】并行计算（Parallel Computing）、分布式计算（Distributed Computing）和网格计算（Grid Computing）的融合和发展，也是虚拟化（Virtualization）、效用计算（Utility Computing）、面向服务的架构（SOA）等概念混合演进的结果。

【答案】ABCD

9. 虚拟化技术按系统层级划分，可以分为（　　）。

A. 服务器虚拟化　　　　　　B. 存储虚拟化

C. 网络虚拟化　　　　　　　D. 操作系统虚拟化

【解析】操作系统虚拟化属于虚拟化技术按照与物理硬件及操作系统的耦合程度来划分。

【答案】ABC

10. 数据复制有多种分类方法，依据复制启动点的不同，数据复制可以分为（　　）。

A. 同步复制

B. 异步复制

C. 基于主机的复制

D. 基于数据增量的复制

【解析】数据复制有多种分类方法，依据复制启动点的不同，数据复制可分为同步复制、异步复制、基于数据增量的复制等。

【答案】ABD

11. 下列技术属于 IBM pSeries 主机技术的有（　　）。

A. RISC 芯片技术　　B. 对称多处理技术

C. 分布式存储技术　　D. 并行数据通道

【解析】IBM pSeries 主机属于集中式存储。

【答案】ABD

12. 下列技术中，需要读写校验盘的 RAID 技术有（　　）。

A. RAID 0　　B. RAID 1

C. RAID 5　　D. RAID 6

【解析】RAID 5 和 RAID 6 需要读写校验盘。

【答案】CD

13. 下列选项属于 SAN 网络最重要的组成部分的有（　　）。

A. 设备接口　　B. 连接设备

C. 存储设备　　D. 通信控制协议

【解析】SAN 网络最重要的三个组成部分：设备接口（如 SCSI、光纤通道等）、连接设备（如交换机、网关、路由器等）和通信控制协议（如 IP 和 SCSI 等）。这三个组件再加上附加的存储设备和服务器，构成一个 SAN 系统。

【答案】ABD

14. 按照对外接口类型划分，常见的磁盘阵列可以分为（　　）。

A. SCSI 磁盘阵列　　B. iSCSI 磁盘阵列

C. NAS 存储　　D. FC 磁盘阵列

【解析】按照对外接口类型划分，常见的磁盘阵列可以分为 SCSI 磁盘阵列、iSCSI 磁盘阵列和 FC 磁盘阵列。

【答案】ABD

15. 服务器的组件中，支持冗余的包括（　　）。

A. 风扇　　B. 电源

C. 网卡　　D. 键盘

【解析】键盘不能支持冗余。

【答案】ABC

16. 服务器通常分为（　　）。

A. 应用服务器　　B. 数据库服务器

C. 备份服务器　　D. 文件服务器

【解析】服务器常用分类中不包括备份服务器。

【答案】ABD

17. 可能导致一台 Windows 服务器无法远程到的原因有（　　）。

A. 防火墙等安全策略的限制

B. 远程桌面选项未打开

C. 服务器系统宕机

D. 网络地址冲突

【解析】以上选项均可能导致一台 Windows 服务器无法远程到。

【答案】ABCD

18. Linux 系统中，可以显示文件内容的命令有（　　）。

A. cat　　B. more

C. less　　D. tail

【解析】cat 命令，由第一行开始显示文件内容；more，一页一页地显示文件内容；less，与 more 类似，可以往前翻页；tail，只看尾巴几行。

【答案】ABCD

19. 下列命令可以重启 Linux 系统的有（　　）。

A. shutdown-r now　　B. shutdown-h now

C. reboot　　D. halt

【解析】重启 Linux 系统的命令包括 shutdown-r now 和 reboot。shutdown-h now 和 halt 为关机命令。

【答案】AC

20. 服务器和 PC 机相比的主要优势有（　　）。

A. 服务器大多采用多 CPU 对称技术，大幅提高了数据运算能力

B. 服务器具备高可用性、安全性，采用 ECC 内存、RAID 技术、热插拔技术和冗余电源等，使服务器具备容错能力、安全保护能力

C. 企业级服务器一般可以保证全年 365 天，每天 24 小时运行无故障

D. 服务器具有更低廉的价格

【解析】服务器比 PC 机更昂贵。

【答案】ABC

21. iSCSI 继承的两大最传统技术有（　　）。

A. SCSI 协议　　B. IP-SAN 协议

C. TCP/IP 协议　　D. FC 协议

【解析】iSCSI（互联网小型计算机系统接口）是一种在 TCP/IP 上进行数据块传输的标准。SCSI 可以实现在 IP 网络上运行 SCSI 协议，iSCSI 继承了两大最传统技术：SCSI 和 TCP/IP 协议。

【答案】AC

22. 刀片服务器机箱中，共享的部件有（　　）。

A. KVM　　B. 以太交换机

C. 光纤交换机　　D. 电源

【解析】在刀片服务器机箱中，KVM、以太交换机、光纤交换机、电源都可以共享。

【答案】ABCD

23. 随着 SAN 网络技术的不断发展，目前已经形成的主流类型的存储区域网络有（　　）。

A. IP-SAN　　B. SAS-SAN

C. PC-SAN　　D. IPX-SAN

【解析】随着 SAN 网络技术的不断发展，目前已经形成了 IP-SAN 和 SAS-SAN 主流类型的存储区域网络。

【答案】AB

24. 关于各种主要阵列模式的比较，以下说法正确的有（　　）。

A. RAID 0 读写性能高，随机写性能高

B. RAID 1 读写性能低，随机写性能低

C. RAID 5 随机和连续写性能高，读写性能低

D. RAID 10 读写性能适中

【解析】RAID 0 读写性能高，随机写性能高；RAID 1 读写性能低，随机写性能低；RAID 5 随机和连续写性能低，读写性能高；RAID 10 读写性能适中。

【答案】ABD

25. IP-SAN 与 FC-SAN 两者拥有基本相同的特性，又有差异，以下说法正确的有（　　）。

A. FC-SAN 是高性能的保证，而 IP-SAN 在经济性方面优势更明显

B. 从数据传输通道来看，FC-SAN 是物理电路，而 IP-SAN 是逻辑电路

C. 从传输延时来看，FC-SAN 延时较低，而 IP-SAN 延时较高

D. 从传输距离来看，FC-SAN 传输距离较短，而 IP-SAN 传输距离更远

【解析】以上选项均符合题意。

【答案】ABCD

26. 以下关于 RISC 和 CISC 的叙述中，正确的有（　　）。

A. RISC 通常比 CISC 的指令系统更复杂

B. RISC 通常会比 CISC 配置更多的寄存器

C. RISC 编译器的子程序库通常要比 CISC 编译器的子程序库大得多

D. RISC 比 CISC 更加适合 VLSI 工艺的规整性要求

【解析】RISC 指令格式和长度通常是固定的；CISC 指令长度可变，指令类型也更多，比 RISC 更复杂。

【答案】BCD

27. 下列关于存储热迁移的描述，正确的有（　　）。

A. 支持在不影响用户使用的情况下实时迁移虚拟机磁盘，从而可以在不中断业务的状况下进行方案存储维护和存储迁移

B. 不支持迁移已挂载共享类型的磁盘和链接克隆机的磁盘进行热迁移

C. 支持非长久化磁盘的迁移

D. 存储热迁移可在存储虚拟化管理下的同一个存储设备内、不同存储设备之间进行迁移

【解析】存储热迁移不支持非长久化磁盘的迁移，非长久化磁盘的数据在虚拟机重启后有丢失的风险。

【答案】ABD

28. 下列关于存储模式的说法，正确的有（　　）。

A. 直连式存储（DAS）传输的数据对象为文件，使用的传输协议为 TCP/IP 文件协议

B. 网络接入存储（NAS）传输的数据对象为文件

C. 存储区域网络（SAN）传输的数据对象为数据块

D. 外挂存储根据连接的方式分为直连式存储（DAS）和网络化存储（FAS）

【解析】直连式存储（DAS）传输的是数据块，通过 SCSI、SATA、SAS 等接口与服务器直接连接。

【答案】BCD

三、判断题

1. 全硬件仿真虚拟化技术应用于非 X86 平台。（　　）

【解析】全硬件仿真虚拟化技术无须修改代码，就能成功地安装支持 X86 平台的任何操作系统，广泛应用于 X86 平台。

【答案】错误

2. 光纤通道用于服务器共享存储设备的连接、存储控制器和驱动器之间的内部

连接。 (　　)

【解析】略。

【答案】正确

3. 非X86服务器使用CISC（复杂指令代码）处理器。 (　　)

【解析】非X86服务器（精简指令集服务器）是使用RISC（精简指令集）或EPIC（并行指令代码）处理器。X86服务器又称CISC（复杂指令集）架构服务器，即通常所讲的PC服务器。

【答案】错误

4. 小型机跟普通的服务器有很大差别，最重要的一点就是小型机的RAS特性，它们反映了计算机的高可靠性、高可用性、高服务性三个特点。 (　　)

【解析】略。

【答案】正确

5. 数据备份系统面向的对象是数据，目的是实现数据的冗余备份，以便一份数据被破坏以后，还有另外一份数据可用，常用的技术有数据备份（Backup）和数据复制（Replication）等。 (　　)

【解析】略。

【答案】正确

6. SAN针对海量、面向数据块的数据传输，而NAS则提供文件级的数据访问和共享服务。 (　　)

【解析】略。

【答案】正确

7. 由于Linux中的程序大多是小程序。程序与程序之间存在非常复杂的依赖关系。RPM用来解决软件包的依赖关系。 (　　)

【解析】Linux是一种自由和开放源代码的类UNIX操作系统，可以运行在服务器和其他大型平台之上，如大型机和超级计算机，也广泛应用在嵌入式设备上，如手机、平板电脑、路由器、电视和电子游戏机等。RPM是一种用于互联网下载包的打包及安装工具，管理着系统已安装的所有RPM程序组件资料，也可以使用RPM来卸载相关的应用程序。

【答案】错误

8. RAID 0采取了数据安全保障，一旦阵列中的某一个磁盘出现了故障，仍能完整地进行数据恢复。 (　　)

【解析】RAID 0没有任何数据安全保障；而RAID 1则采取了100%的数据冗余，这样即使其中一个磁盘发生故障，仍能完整地进行数据恢复。

【答案】错误

9. IDE 和 SCSI 本身就是定位在不同层次上的磁盘驱动器。SCSI 主要针对桌面用户，而 IDE 却是针对企业级的应用。（　　）

【解析】IDE 和 SCSI 本身就是定位在不同层次上的磁盘驱动器。IDE 主要针对桌面用户，而 SCSI 却是针对企业级的应用。

【答案】错误

10. FC-SAN 克服了传统上与 SCSI 相连的线缆限制，极大地拓展了服务器和存储之间的距离，从而增加了更多连接的可能性。（　　）

【解析】略。

【答案】正确

11. RAID（Redundant Array of Independent Disks，独立磁盘冗余数组）的基本思想就是把多个相对便宜的硬盘组合起来，成为一个硬盘阵列组，使性能达到甚至超过一个价格昂贵、容量巨大的硬盘。（　　）

【解析】RAID 原理是将若干个小型磁盘驱动器与控制系统组成一个整体，在使用者看来像一个大磁盘。性能一般不能超过一个价格昂贵、容量巨大的硬盘。

【答案】错误

12. NAS 存储的数据类型主要为文件，SAN 存储的数据类型为数据块。（　　）

【解析】略。

【答案】正确

13. 逻辑卷可以使用不连续的物理空间，并且可“动态调整其容量”。（　　）

【解析】略。

【答案】正确

14. 半虚拟化技术不是采用“动态指令重写”技术捕获这些来自虚拟机中客户操作系统的专有指令来避免“虚拟化漏洞”。（　　）

【解析】半虚拟化技术通过修改客户操作系统与体系相关的那部分内核模块，将虚拟机上的客户操作系统发出的专有指令重定向到虚拟化管理器（VMM）上。

【答案】错误

15. 虚拟私有云（VPC）支持通过专线直连/VPN 等方式将 VPC 与传统数据中心互联互通，灵活整合资源。（　　）

【解析】略。

【答案】正确

16. 某移动互联网应用平台由复杂的业务模块构成，且需要频繁迭代更新业务组件，考虑资源的可扩展性，应该将所有业务模块规划在同一个 VPC 子网中。（　　）

【解析】分布在不同的 VPC 子网中，可以提高系统的可扩展性、故障隔离能力、安全性和资源管理效率。

【答案】错误

四、案例分析题

场景描述：假设你是存储设备管理员，负责数据中心机房所有存储设备及 SAN 网络的日常运维。某天，应用运维人员发现“主机无法访问通过 SAN 网络连接的磁盘设备”，假设已排查过证实主机没有问题，试分析导致此问题可能的原因。如何排查？

【答案】导致此类问题可能的原因有存储设备故障、SAN 光纤交换机故障、光纤通道故障、主机 HBA 卡故障、ZONE 绑定有误等。

步骤一：首先判断相关硬件设备的工作状态，如供电、开关等。

步骤二：判断存储设备是否有故障，查看存储设备端是否有硬件、软件报错，若有故障则报修，解决后再次查看主机端是否正常。否则就继续步骤二。

步骤三：判断 SAN 网络是否有故障。

判断 SAN 光纤交换机是否有故障，查看是否有硬件、软件报错，有则报修。

判断光纤通道故障，到机房查看光纤通道，本端到对端是否有异常的告警灯闪烁，或者在一端看不到对端传来的光，有异常则更换光纤。

判断 HBA 卡是否有故障，主机端是否有 HBA 卡报错，HBA 卡处告警灯是否出现异常闪断，有异常则更换 HBA 卡。

判断主机和存储对应端口间的 ZONE 绑定是否有误，检查 ZONE 绑定配置信息是否有错误，有问题则重新配置。

以上任何一项故障均有可能导致主机无法访问磁盘的错误，可逐一核实并修正。

错题、要点整理页

第八章　云技术与云平台管理

>> 本章知识框架

节	细目	知识点	学习进度
云计算基础		【知识点 1】云计算的定义	
		【知识点 2】云计算基本概念	
		【知识点 3】云计算的分类	
		【知识点 4】云计算的特点和优势	
		【知识点 5】云计算发展目标、价值、任务	
云技术架构与关键技术	云计算关键技术	【知识点 1】虚拟化技术	
		【知识点 2】分布式资源管理	
		【知识点 3】数据中心相关技术	
		【知识点 4】边缘计算	
	云计算架构	【知识点 1】云计算体系架构	
		【知识点 2】IaaS 层	
		【知识点 3】PaaS 层	
		【知识点 4】SaaS 层	
		【知识点 5】云管理层	
		【知识点 6】云原生	
		【知识点 7】容器	
		【知识点 8】微服务	
	云安全	【知识点 1】云安全的概念	
		【知识点 2】云计算安全威胁	

续表

节	细目	知识点	学习进度
云技术架构与关键技术	云安全	【知识点 3】IaaS 安全	
		【知识点 4】PaaS 安全	
		【知识点 5】SaaS 安全	
云平台管理与运营		【知识点 1】云平台日常运营管理	
		【知识点 2】云数据中心自动化运维	
		【知识点 3】云资源弹性调度管理	
		【知识点 4】云计算技术标准	
		【知识点 5】“上云”基本标准	
云计算应用		【知识点 1】云计算应用发展现状和趋势	
		【知识点 2】云计算与数字化转型	
		【知识点 3】云计算在智慧税务中的应用	

>> 习题演练

一、单项选择题

1. 一种云计算服务模式把软件程序定位成共享的云服务，用户通过 Internet 来使用这些服务，这种云计算服务模式是（　　）。

A. IaaS　　B. PaaS

C. SaaS　　D. XaaS

【解析】软件即服务（Software as a Service，SaaS）把软件程序定位成共享的云服务，用户通过 Internet 来使用这些服务。

【答案】C

2. 没有高效的网络，云计算就将无法为用户提供良好的使用体验，云计算的这一特征是（　　）。

A. 广泛的网络连接　　B. 按需自助服务

C. 资源池化　　D. 快速弹性收缩

【解析】广泛的网络连接或者无处不在的网络连接为用户提供良好的使用体验。

【答案】A

3. 把开发环境或运行平台也作为一种服务提供给用户使用，这种云计算模式是（　　）。

A. IaaS　　B. PaaS

C. SaaS　　D. XaaS

【解析】平台即服务（Platform as a Service，PaaS），是一种把开发环境或运行平台提供给用户使用的云计算模式。

【答案】B

4. 当一个企业或者单位业务需要上云时，下述不符合上云条件的是（　　）。

A. 筹建中的某服装大型电子商务平台，业务急需上线

B. 某大型国企，自建数据中心已运行多年，设备和运维人员知识都需要更新

C. 某事业单位，新建数据中心平稳运行，领导对上云很有兴趣

D. 某电子商务网站，随着用户量的增加，网站现有服务器负载饱和

【解析】对该事业单位来说，其业务正常运行，没有新的业务需求，不必要上云，否则造成资源浪费。

【答案】C

5. 以下关于云计算的叙述中，不正确的是（　　）。

A. 云计算将所有客户的计算都集中在一台大型计算机上进行

B. 云计算是基于互联网的相关服务的增加、使用和交付模式

C. 云计算支持用户在任意位置使用各种终端获取相应服务

D. 云计算的基础是面向服务的架构和虚拟化的系统部署

【解析】云计算是一种分布式计算，是指将庞大的数据计算处理程序通过网络“云”分解成无数个小程序，再由多个服务器组成的系统对这些小程序进行处理和分析，并将结果返回给用户。

【答案】A

6. 基础设施即服务（IaaS）是一种云计算服务类型，属于该层服务应用到的技术是（　　）。

A. 虚拟化技术

B. 分布式存储技术

C. 资源管理与调度技术

D. CSS

【解析】分布式存储技术和资源管理与调度技术属于 PaaS 层技术，CSS 属于 SaaS 层技术，虚拟化技术属于 IaaS 层技术。

【答案】A

7. 某科技公司需要一款编码软件以支撑其核心业务，假设各种云服务模型均能满足其要求，则成本最小的是（　　）。

A. IaaS　　B. PaaS

C. SaaS　　D. XaaS

【解析】SaaS 为软件即服务，为用户提供通用功能的软件服务，现成的软件能满足其需求，会花费更少的时间和金钱就能完成该功能。

【答案】C

8. 某大型电子商务公司出于对数据安全的考虑，同时能快速购买到云计算资源，适合的云计算模式是（　　）。

A. 公有云　　B. 私有云

C. 混合云　　D. 多重云

【解析】将敏感数据放置在私有云上，同时使用公有云的云计算资源，这种混合云的模式可以满足追求数据安全企业的需要。

【答案】C

9. 与传统数据中心相比较，不属于云数据中心特征的是（　　）。

A. 自治性

B. 规模经济

C. 静态工作负载管理

D. 规模可扩展

【解析】静态工作负载管理是传统数据中心的特点。

【答案】C

10. 某大型电商平台，每天拥有海量的数据交互，并发流量很大，那么该电商平台上云可能不适合的云计算模式是（　　）。

A. IaaS　　B. SaaS

C. PaaS　　D. 以上都是

【解析】PaaS 为用户提供的平台是多用户共享的，其流量受到一定的限制。而 IaaS 可能为其提供基础架构，SaaS 可以为其提供支撑核心的业务的通用软件。

【答案】C

11. 给消费者的服务是把客户开发或者购买的应用程序部署到云计算基础设施上，消费者不需要管理或控制底层的云基础设施，但能够控制部署的应用程序及托管环境配置，这种服务形式是（　　）。

A. IaaS（基础设施即服务）

B. SaaS（软件即服务）

C. DaaS（数据即服务）

D. PaaS（平台即服务）

【解析】PaaS 支持在托管的基础设施上开发、运行和管理应用程序，用户无须管理底层基础设施或平台的运行环境。

【答案】D

二、多项选择题

1. 云计算可以按照各种维度来分类，按照是否公开发布服务可以分成（　　）。

A. 公有云　　B. 行业云

C. 混合云　　D. 私有云

【解析】云计算可以按照各种维度来分类，按照是否公开发布服务可以分成公有云（Public Cloud）、混合云（Hybrid Cloud）和私有云（Private Cloud）。

【答案】ACD

2. 云计算是对多种技术的发展与运用，下列技术在云计算中得到运用的有（　　）。

A. 并行计算　　B. 网格计算

C. 分布式计算　　D. 虚拟化技术

【解析】以上技术在云计算中都得到了发展与运用。

【答案】ABCD

3. 服务管理层对核心服务层的可用性、可靠性和安全性提供保障。下列选项属于服务管理层需要管理的内容有（　　）。

A. 计费管理　　B. 账号管理

C. 运维管理　　D. 负载均衡

【解析】以上选项均属于服务管理层需要管理的内容。

【答案】ABCD

4. 下列不属于云主机（或虚拟服务器）服务模式的有（　　）。

A. 基础设施即服务（IaaS）

B. 平台即服务（PasS）

C. 软件即服务（SaaS）

D. 计算机即服务（CaaS）

【解析】云主机（或虚拟服务器）属于基础设施即服务（IaaS）。

【答案】BCD

5. 构建一个云原生有不同的技术和工具，从计算角度来讲，属于构建云原生技术和工具的有（　　）。

A. 容器技术　　B. 函数计算

C. 网格计算　　D. 边缘计算

【解析】构建一个云原生有不同的技术和工具，从计算角度来讲包括容器技术和函数计算。

【答案】AB

6. 微服务架构有助于提升大型应用的发布频率，下列属于微服务优点的有（　　）。

A. 敏捷性高　　B. 持续创新

C. 渐进式设计　　D. 故障隔离

【解析】微服务架构是一种面向服务的架构体系，其中应用程序按功能分解为小型的、松耦合的各种服务。上述选项都是其优点。

【答案】ABCD

7. CALMS 模型是一种可以用来评估、分析和比较 DevOps 团队成熟度的方法，属于其内涵的有（　　）。

A. 文化　　B. 自动化

C. 精益　　D. 能力

【解析】CALMS 分别为文化（Culture）、自动化（Automation）、精益（Lean）、度量（Measurement or Metrics）和分享（Sharing）。

【答案】ABC

8. 国内云计算技术处于不断发展之中，属于国内云厂商的有（　　）。

A. 阿里云　　B. 腾讯云

C. 亚马逊云　　D. 百度云

【解析】亚马逊云服务（AWS）是国外云厂商，其他的都是国内云厂商。

【答案】ABD

三、判断题

1. 公有云是以服务的形式提供，由使用者控制其系统可用性。（　　）

【解析】云计算服务商为使用者提供服务，控制系统可用性。

【答案】错误

2. PasS 适用于有海量数据的网站或处理大量数据的高度分布式应用的场景。（　　）

【解析】PaaS 供应商为了平衡每个用户的性能感受，会对用户进行节流。有对带宽进行节流避免网络冲突和拥堵，也有对 CPU 进行节流来降低数据中心的热量并实现节能。因此，对于有海量数据的网站或处理大量数据的高度分布式应用的场景，PaaS 不是一个好的选择。

【答案】错误

3. 云计算提高了对软硬件资源的利用效率，实现了按需计算。（　　）

【解析】云计算采用虚拟化、分布式计算、并行计算等技术，对用户来说按需使用，提高了对软硬件资源的利用效率。

【答案】正确

4. 云计算通俗讲就是采用了分布式处理、虚拟化技术、网格计算、分布式数据库等技术混合演进出的结果。（ ）

【解析】云计算不是一种全新的网络技术，而是一种全新的网络应用概念，是各种技术混合演进的结果。

【答案】正确

5. 微服务架构将应用程序按功能分解为小型的、紧耦合的各种服务。其重点在于，单个服务被划分得足够小，相互间耦合度很高，并围绕业务功能进行分解。（ ）

【解析】微服务架构将应用程序按功能分解为小型的、松耦合的各种服务，相互耦合度高的服务不利于快速、可靠地发布。

【答案】错误

6. 云原生中的容器技术可以看作一个被封装的、独立运行的组件，容器之间不共享数据以提高效率。（ ）

【解析】容器使用写时复制的文件系统策略，允许多个容器实例可以共享数据。

【答案】错误

7. 开发者使用云原生技术，可以实现快速部署、按需伸缩、不停机交付等。（ ）

【解析】在使用云原生技术后，开发者无须考虑底层的技术实现，可以充分发挥云平台的弹性和分布式优势。

【答案】正确

8. 某应用程序在收集完用户信息后，直接自己计算和识别出用户的兴趣爱好，服务器只需要指定想给哪些用户投放内容和广告，程序就可以直接完成投放。该过程为云计算的应用实例。（ ）

【解析】题干中的过程为边缘计算的应用，边缘计算是在数据源头的物理边缘进行的。云计算则是指通过网络，把众多数据计算处理程序分解，通过服务器组成的系统来处理分析。

【答案】错误

9. 云计算提供良好的安全性能，因此企业可以放心将敏感数据放置于公有云上。（ ）

【解析】尽管云服务商提供了许多高级安全功能，但仍不时有数据泄露事件，企业应同云服务商一道采取多种技术手段保证数据安全。

【答案】错误

四、案例分析题

1. 云计算（Cloud Computing）是分布式计算的一种，指的是通过网络“云”将巨大的数据计算处理程序分解成无数个小程序，然后，通过多部服务器组成的系统进行处理和分析这些小程序得到结果并返回给用户。云计算给用户带来了众多的价值。不同的用户对这些价值的认知是不同的。云计算本身带来的价值如云计算实现按需计费，降低公司成本，提高工作效率，云计算还改变了很多企业的商业运作模式。

根据以上资料，回答以下问题。

（1）云计算不是一种全新的网络技术，而是一种全新的网络应用概念，以下属于云计算运用与发展的技术基础有（　　）。（多选）

A. 并行计算　　B. 网格计算

C. 分布式计算　　D. 边缘计算

【解析】云计算是并行计算、分布式计算、网格计算、边缘计算的发展，能够给用户提供可靠的、定制的最大化资源利用服务，是一种新的分布式计算模式。

【答案】ABCD

（2）从研究现状看，不属于云计算特点的是（　　）。（单选）

A. 超大规模　　B. 虚拟化

C. 私有化　　D. 高可靠性

【解析】私有化不是云计算的特点。

【答案】C

（3）与传统的网络应用模式相比，属于云计算优势和特点的有（　　）。（多选）

A. 动态可扩展　　B. 按需部署

C. 可靠性高　　D. 更快的运行效率

【解析】更快的运行效率不是云计算的优势和特点。

【答案】ABC

（4）用户选择云计算，首先应当考虑的是（　　）。（单选）

A. 费用　　B. 运算能力

C. 云安全　　D. 存储空间

【解析】用户选择云计算，首先应当考虑安全性。

【答案】C

（5）关于云计算，下列说法正确的有（　　）。（多选）

A. 云计算为大数据和人工智能提供了强大的计算和存储能力，使其能够处理和分析海量的数据

B. 云计算数据中心的关键技术包括虚拟化技术、网格计算、弹性收缩动态调配等

C. 云计算可以处理大量的即时数据，而边缘计算可以访问这些即时数据的历史或者处理结果并作汇总分析

D. 某大型咨询服务公司研究认为某云服务商提供的通用企业管理软件适合本公司，该云计算服务模式是 SaaS

【解析】网格计算不属于云计算数据中心的关键技术；边缘计算可以处理大量的即时数据，而云计算可以访问这些即时数据的历史或者处理结果并作汇总分析。

【答案】AD

2. 假设你是一家互联网公司的技术负责人，该公司的主要互联网应用需要满足大量用户的同时访问，公司经理倾向于将公司业务迁移到云端，作为技术负责人，请问你如何为经理提供更有利于公司业务发展的抉择？如何保障云安全？

【答案】可以从以下方面进行阐述：

对于企业来讲，IaaS 只是一个简单的基础设施服务，企业在这个层面一般只会得到一些基础的计算资源。从某种层面上来说 IaaS 只是帮助企业解决了计算硬件问题。

而 SaaS 所指的就是软件层面上的服务，企业可以在运营商处享受到一些已经成熟的软件服务。这些软件往往都是通过互联网进行使用，并不需要进行本地安装，这也就对网络的状况有一定要求。

PaaS 就是服务提供商为用户提供的整体服务平台，其中会包括硬件的租赁以及一些测试环境的搭建。通常包括一些开发环境、测试环境、编程语言以及部署机制等。PaaS 服务通常是针对开发测试人员以及企业中部署与管理方面的部门。

对于该公司的业务，有自己的应用系统，因此排除 SaaS。

在应用或服务有性能或扩展性的需求，要求开发者管理内存、配置数据库服务器和应用服务器，以最大化吞吐量、明确数据如何在磁盘锭（disk spindle）之间分布和控制操作系统等时，应该选择 IaaS。另外，在数据规模巨大的时候，PaaS 会变得极为昂贵，随着时间的推移，IaaS 的成本会变得非常低。在降低故障风险方面，IaaS 的客户能够对故障进行架构设计，跨越多个物理或虚拟数据中心构建冗余服务，有效规避 IaaS 发生故障造成的影响。

该公司业务需要满足多用户同时访问，产生海量数据，从经济成本上看，IaaS 更符合公司需求。

错题、要点整理页

第九章　基础设施保障

>>本章知识框架

节	细目	知识点	学习进度
基础设施概述	资产管理	【知识点】资产管理的概念	
	人员安全	【知识点】人员安全保障措施	
基础环境	基础设施建设	【知识点1】基础设施分类	
		【知识点2】基础设施设计原则	
		【知识点3】基础设施功能分类等级	
	人员访问控制	【知识点】人员访问控制功能和工作流程	
	入侵检测	【知识点1】入侵检测系统	
		【知识点2】入侵检测的检测方法	
支持环境	基础设施运行维护标准	【知识点1】基础设施运行维护对象	
		【知识点2】运行和维护	
	电力	【知识点1】机房常用供电方式	
		【知识点2】发电机工作模式	
		【知识点3】UPS电源	
		【知识点4】配电设备安装及线路敷设	
	消防	【知识点1】气体灭火系统	
		【知识点2】机房火灾成因	
		【知识点3】灭火系统	
	遇风空调系统	【知识点1】机房空调系统的特点	
		【知识点2】机房建筑平面与机房空调	
		【知识点3】机房通风	

续表

节	细目	知识点	学习进度
支持环境	防水、防雷及温湿度控制	【知识点 1】防水	
		【知识点 2】温湿度监控	
		【知识点 3】防雷	
运行监控	动力环境监控系统	【知识点】动力环境监控系统的概念	
	动力环境监控系统的监控对象和主要功能	【知识点 1】动力环境监控系统的监控对象	
		【知识点 2】动力环境监控系统的主要功能	

>> 习题演练

一、单项选择题

1. 下列不是机房空调系统特点的是（　　）。

A. 不间断运行，全年制冷

B. 洁净度要求高

C. 显热量大，潜热量小

D. 为保持恒温，空调必须有冷暖功能

【解析】机房空调系统的特点包括显热量大、潜热量小、风量大、焓差小、不间断运行、常年制冷、洁净度要求高等。

【答案】D

2. 下列供电方式可以满足机房不间断供电的是（　　）。

A. UPS 供电　　B. 直接供电

C. 隔离供电　　D. 交流稳压器供电

【解析】外电网一旦停电，UPS 能在设备所允许的极短时间内（微秒至毫秒级）自动从备用能源经逆变器变换成电压、频率和相位都与原供电电源相同的电能继续向计算机供电。

【答案】A

3. 某市税务局在信息化机房配电线路敷设时，从供电安全角度考虑，电子计算机电源间与主机房设备的距离应（　　）。

A. 靠近　　B. 远离

C. 适中　　D. 无特别要求

【解析】供电距离应尽量短，主要是从供电安全考虑，电子计算机电源间门应靠近主机房设备。

【答案】A

4. 某市税务局按照机房设备布局、电气设备用途以及设计图纸进行设备安装时，机房墙上安装的照明配电箱底边与地面的距离是（　　）米。

A. 1.0　　B. 1.4

C. 2.0　　D. 1.9

【解析】照明配电箱底边距地 1.4 米，墙上安装。

【答案】B

5. 基础设施四个阶段中，最关键的一环是（　　）。

A. 规划设计　　B. 设备选型

C. 施工安装　　D. 运行维护

【解析】基础设施在规划设计、设备选型、施工安装、运行维护四个阶段中，规划设计是最关键的一环。

【答案】A

6. 根据国家 GB 50174—2017 分级标准，B 级为（　　）。

A. 容错系统　　B. 冗余系统

C. 满足基本需要　　D. 满足扩展需要

【解析】A 级为"容错"系统，可靠性和可用性等级最高；B 级为"冗余"系统，可靠性和可用性等级居中；C 级为满足基本需要，可靠性和可用性等级最低。

【答案】B

7. 良好的温湿度控制对充分发挥计算机系统的性能、延长机器使用寿命、确保数据安全性以及准确性是非常重要的，一般来说，当空气被认为是干燥的时候，相对湿度低于（　　）。

A. 40%　　B. 80%

C. 100%　　D. 60%

【解析】一般来说，当相对湿度低于 40% 时，空气被认为是干燥的。

【答案】A

8. 根据国家 GB 50174—2017 数据中心设计规范，政府办公楼的数据中心一般属于（　　）。

A. A 级　　B. B 级

C. C 级　　D. D 级

【解析】政府办公楼的数据中心一般属于 B 级。

【答案】B

9. 某市税务局建设数据中心，其电气系统按照国家 A 级技术要求进行设计，而空调按照国家B级技术要求进行设计，则此数据中心的等级为（　　）。

A. A级　　B. B级

C. C级　　D. D级

【解析】当各组成部分按照不同等级进行设计时，数据中心的等级按照其中最低等级部分确定。

【答案】B

10. 目前在24小时有人值守的机房主要采用的灭火系统是（　　）。

A. 二氧化碳　　B. 气溶胶

C. 七氟丙烷　　D. 卤代烷

【解析】目前在有人值守的机房主要采用七氟丙烷灭火系统。

【答案】C

11. 照明配电箱内的漏电保护器的动作电流不大于（　　）。

A. 30毫安　　B. 30安培

C. 100毫安　　D. 100安培

【解析】照明配电箱内的漏电保护器的动作电流不大于30毫安。

【答案】A

12. 根据美国ANSI/TIA—942—B—2017数据中心标准，T2的数据中心与T1的主要区别是（　　）。

A. T2是基本型的数据中心配置

B. T2具备故障容错功能

C. T2设备硬件系统运行不中断

D. T2基础设施系统中的关键设备采用了部件冗余配置（$N+1$）

【解析】T2的数据中心与T1的主要区别是基础设施系统中的关键设备采用了部件冗余配置（$N+1$）。

【答案】D

13. 根据国家《数据中心基础设施运行维护标准》，A级数据中心每日现场巡检次数不应少于（　　）次。

A. 1　　B. 2

C. 3　　D. 4

【解析】A级数据中心每日现场巡检次数不应少于2次，B级和C级数据中心每日现场巡检次数不应少于1次。

【答案】B

14. 不改变机房内的温度，而只改变机房内空气含湿量，这部分热量称为（　　）。

A. 潜热　　　　　　　　B. 显热

C. 内热　　　　　　　　D. 湿热

【解析】不改变机房内的温度，而只改变机房内空气含湿量，这部分热量称为潜热。

【答案】A

15. UPS 电源柜输出端的中性线（N 极）必须与由接地装置直接引来的接地干线连接，进行重复接地，接地电阻小于（　　）Ω。

A. 5　　　　　　　　B. 2

C. 3　　　　　　　　D. 4

【解析】UPS 电源柜输出端的中性线（N 极）必须与由接地装置直接引来的接地干线连接，进行重复接地，接地电阻小于 4Ω。

【答案】D

16. 动力环境监控系统分为动力系统和环境系统，以下属于动力系统的是（　　）。

A. 视频监控　　　　　　　　B. 配电监控

C. 漏水监控　　　　　　　　D. 门禁监控

【解析】配电监控属于动力系统。

【答案】B

17. 机房内空调送回风通常不采用管道，而是利用高架地板下部或天花板上部的空间作为（　　）。

A. 静压箱送风　　　　　　　　B. 上送侧回送风

C. 侧送侧回　　　　　　　　D. 下送上回

【解析】机房内空调送回风通常不采用管道，而是利用高架地板下部或天花板上部的空间作为静压箱送风。

【答案】A

18. 根据美国 ANSI/TIA—942—B—2017 数据中心标准，T3 数据中心能做到（　　）。

A. 最基本的数据中心　　　　　　　　B. 部件冗余

C. 可在线维修　　　　　　　　D. 故障容错

【解析】根据美国 ANSI/TIA—942—B—2017 数据中心标准，T3 数据中心能做到可在线维修。

【答案】C

19. 为降低数据中心基础设施系统和设备发生失效或功能退化的概率，按预定的时间间隔或既定的准则实施的维护称为（　　）。

A. 预防性维护　　　　　　　　B. 预测性维护
C. 预备性维护　　　　　　　　D. 预先性维护

【解析】预防性维护，是指为降低数据中心基础设施系统和设备发生失效或功能退化的概率，按预定的时间间隔或既定的准则实施的维护。预测性维护，是指通过各种技术手段进行数据和信号的采集、分析，同时结合设备运行的寿命期限统计规律或历史数据，预测可能后果，提取采取的有针对性的维护活动。

【答案】B

20. 以下关于入侵检测系统的描述中，错误的是（　　）。

A. 入侵检测系统是一种被动保护网络免受攻击的安全技术
B. 入侵检测系统是一种主动保护网络免受攻击的安全技术
C. 入侵检测系统能够对网络活动进行监视
D. 入侵检测系统能简化管理员的工作，保证网络安全运行

【解析】入侵检测系统是一种对网络传输进行即时监视，在发现可疑传输时发出警报或者采取主动反应措施的网络安全设备。入侵检测系统是一种主动安全防护技术。

【答案】A

二、多项选择题

1. 数据中心根据其使用的独立性划分为（　　）。

A. 互联网数据中心　　　　　　B. 自用型数据中心
C. 商业化数据中心　　　　　　D. 云计算数据中心

【解析】数据中心根据客户类型、业务领域分为：高性能计算中心，互联网数据中心，云计算数据中心，政务级数据中心。

【答案】BC

2. 根据国家 GB 50174—2017 标准，数据中心可以划分为（　　）。

A. A 级　　　　　　B. B 级
C. C 级　　　　　　D. D 级

【解析】根据国家 GB 50174—2017 标准，数据中心可以划分为 A、B、C 三级。

【答案】ABC

3. IETF 将一个入侵检测系统分为（　　）。

A. 事件产生器　　　　　　B. 事件分析器
C. 响应单元　　　　　　　D. 事件数据库

【解析】以上选项均符合题意。

【答案】ABCD

4. 以下系统属于数据中心基础设施运行维护对象的有（　　）。

A. 给排水系统　　B. 通风空调系统

C. 消防系统　　D. 电气系统

【解析】数据中心基础设施运行维护对象应包括电气系统、通风空调系统、消防系统、智能化系统。

【答案】BCD

5. 机房常用供电方式有（　　）。

A. 直接供电

B. 隔离供电

C. 不间断电源（UPS）供电

D. 发电机组供电

【解析】机房常用供电方式有：直接供电、隔离供电、交流稳压器供电、发电机组供电、不间断电源（UPS）供电。

【答案】ABCD

6. 发电机工作模式包含（　　）。

A. 备用模式　　B. 持续模式

C. 阻断模式　　D. 市电交互模式

【解析】发电机工作模式包含备用模式、持续模式、市电交互模式。

【答案】ABD

7. 传统机房监控模式的缺点有（　　）。

A. 需要专人值守，管理人员的负担和支出增加

B. 无法及时排除故障，对事故无法科学地认定和分析

C. 缺乏专业的机房管理人员

D. 对管理人员的健康具有潜在的威胁

【解析】以上选项均是传统机房监控模式的缺点。

【答案】ABCD

8. 主要 UPS 电路结构形式包括（　　）。

A. 后备式　　B. 线交互式

C. 双转换（在线）式　　D. Delta 变换 UPS

【解析】以上选项均为主要 UPS 电路结构形式。

【答案】ABCD

9. 机房通风系统分为（　　）。

A. 自动通风　　B. 机械通风

C. 事故通风　　D. 自然通风

【解析】机房通风系统分为机械通风和事故通风两种。

【答案】BC

10. 根据 IEC 1312—1 雷电电磁脉冲的防护标准，计算机系统的防雷保护区分为（　　）。

A. 直击雷作用区　　B. 感应雷主作用区

C. 建筑物屏蔽区　　D. 房间屏蔽区

【解析】计算机系统的防雷保护区分为：LPZ0A 区，直击雷作用区；LPZ0B 区，感应雷主作用区；LPZ1 区，建筑物屏蔽区；LPZ2 区，房间屏蔽区。

【答案】ABCD

11. 消防系统的运行维护范围应包括（　　）。

A. 火灾自动报警系统　　B. 消防联动系统

C. 自动灭火系统　　D. 防雷与接地系统

【解析】防雷与接地系统属于电气系统的运行维护范围。

【答案】ABC

12. 数据中心选址最核心、最基础的要素包括（　　）。

A. 人文环境条件　　B. 自然环境条件

C. 地方配套条件　　D. 成本因素

【解析】数据中心选址最核心、最基础的要素包括自然环境条件、成本因素和地方配套条件。

【答案】BCD

13. 对各种事件进行分析，从中发现违反安全策略的行为是入侵检测系统的核心功能。从技术上，入侵检测分为（　　）。

A. 基于标志　　B. 基于行为

C. 基于报警事件　　D. 基于异常情况

【解析】从技术上来说，入侵检测分为基于标志和基于异常情况。

【答案】AD

14. 气溶胶实际上是一种烟雾型灭火剂，以下属于其缺点的有（　　）。

A. 降低空气电阻率

B. 对人体有潜在危害

C. 燃烧反应时产生大量热量

D. 价格高昂

【解析】气溶胶具有灭火效率高及价格低廉等优点。

【答案】ABC

三、判断题

1. 设计和建设数据中心时，数据中心选址被看作一个首先进行的程序。（　）

【解析】设计和建设数据中心时，预测数据中心规模被看作一个首先进行的程序。

【答案】错误

2. T3 数据中心基础设施最重要的功能是具备故障容错功能。（　）

【解析】T3 数据中心不使设备硬件系统运行中断，T4 数据中心基础设施最重要的功能是具备故障容错功能。

【答案】错误

3. 机房配电柜、UPS 电源柜底边距地 1.4 米，墙上安装。（　）

【解析】机房配电柜、UPS 电源柜落地安装；照明配电箱底边距地 1.4 米，墙上安装。

【答案】错误

4. 目前在有人值守机房主要采用二氧化碳灭火系统。（　）

【解析】目前在有人值守机房主要采用七氟丙烷灭火系统。

【答案】错误

5. 我国国家标准将数据中心划分为 A、B、C 三级。设计时应根据数据中心的使用性质、数据丢失或网络中断在经济或社会上造成的损失或影响程度确定所属级别。（　）

【解析】略。

【答案】正确

6. 无管网灭火系统一般都有专用房间放置灭火控制器，有时为方便操作也放置在工作人员比较多的值班位置。（　）

【解析】无管网灭火工程中应将控制器放在最方便操作的位置单独设置，不要随箱体安装，这样一来无管网灭火系统工程的安全性就会有很大提高。

【答案】错误

7. UPS 提供的电源具有较高的电压和频率稳定性，波形失真也较小，干扰更优于外电网，是计算机系统最理想的供电方式。（　）

【解析】略。

【答案】正确

8. 消防系统的设备动力电缆及控制电缆、电线应按规范要求选用耐火型电缆、电线。其他弱电系统所用电缆、电线均应采用阻燃型。（　）

【解析】略。

【答案】正确

9. 当无过电压存在，防雷器工作时不存在微安级漏电流。（　）

【解析】当无过电压存在，防雷器工作时仍存在微安级漏电流。

【答案】错误

四、案例分析题

1. 结合近年来我国出现大范围自然灾害，某省税务局规划建设同城双中心（数据中心、数据备份中心）加异地灾备中心的“两地三中心”，以满足灾备应急切换、数据备份需要等。在设计规划阶段，税务部门组织相关人员就以下问题进行了详细论证：科学选址，新建备份机房地址充分考虑自然环境条件、成本因素和地方配套条件等；合理设计的物理安全机制，以求能够对人员、资产、信息系统和数据提供良好的保障；对防洪、防雷、防火等风险进行分析和论证。

根据以上资料，回答以下问题。

（1）在建设该机房施工中，以下行为不正确的是（　　）。（单选）

A. 在机房防火方面遵守了二级耐火等级

B. 在机房内设置了洁净气体灭火系统，配置了专用空气呼吸器

C. 将所有设备的金属外壳、各类金属管道、金属线槽、建筑物金属结构等进行等电位连接并接地

D. 安全出口应不少于两个，安全出口的门设为向机房内部开启

【解析】门应向疏散方向开启，且能自动关闭，并应保证在任何情况下都能从机房内开启。

【答案】D

（2）在数据备份数据中心的灭火系统中可以使用的物质是（　　）。（单选）

A. 水　　B. 干粉

C. 七氟丙烷　　D. 二氧化碳

【解析】水会对信息设备造成损伤；干粉灭火器会留存过多的残渣，造成污染，很可能对精密设备造成损坏；二氧化碳灭火器会造成急剧降温，对设备造成损害。七氟丙烷气体灭火剂是一种洁净气体灭火剂，在灭火后没有固、液体残留物，广泛应用于数据中心、档案馆等防护区。

【答案】C

（3）数据备份中心为保障核心业务正常运行，可采用的电力保障措施有（　　）。（多选）

A. 双路电　　B. UPS 电源

C. 柴油发电机　　D. 应急电力保障车

【解析】上述设备均可用作保障数据中心电力。

【答案】ABCD

（4）新建的数据中心，地址选择需符合的要求有（　　）。（多选）

A. 电力供给应稳定可靠，交通、通信应便捷，自然环境应清洁

B. 数据灾备中心应与数据中心、数据备份中心保持一定的安全距离

C. 远离水灾和火灾隐患区域和地震多发区域

D. 远离强振源和强噪声源、避开强电磁场干扰

【解析】当双中心出现自然灾害等原因而发生故障时，异地灾备中心可以用备份数据进行业务的恢复，因此要保持一定的安全距离。

【答案】ABCD

（5）每天需要备份到该数据备份中心的数据量为1TB，为保障数据正常备份，可以采用的广域网线路有（　　）。（多选）

A. 10M 专用备线路

B. 与其他业务共用 200M 专线

C. 200M 专用备份线路

D. 光纤直连

【解析】对于异地三中心模式，数据备份中心和数据中心应当距离尽可能近，这样数据传输代价小。因此可以采用专用线路和光纤直连。

【答案】CD

2. 请结合本单位数据中心运维情况，分析如何从规划设计、建设实施、监控系统、运行维护等方面保障数据中心基础设施的安全。

【答案】可以从以下方面进行阐述：

（1）在规划设计阶段，考虑数据中心选址的自然环境以及周边环境，自然环境包括地质环境、城市气候，周边环境包括人居环境、化工厂、垃圾填埋场、核电站危险区等；全面考察供电、空调、通信、消防安全、设备性等因素对数据中心正常运行的影响。

（2）在场地建设方面，合理进行机房分区和布局，建筑和结构规划设计应该依据机房的工艺要求进行；建设符合标准要求的接地系统、消防系统、门禁系统、照明系统、供配电系统；采用有效方法防止电磁干扰，对机房进行静电的防护。

（3）在监控系统方面，实时对机房重点部位或全方位进行24小时视频监控；捕获到异常信号后，将自动报警、上传报警信息并进行本地或远程数字录像；采用门禁系统；结合专业的环境监测设备，及时反映精密空调系统、UPS 系统、电力分配系统、防雷系统、新风系统和漏水监测系统等机房环境保障设备的运行数据，一旦发生设备运行数据超出范围，系统将报警。

（4）在运行维护方面，对数据中心基础设施系统和设备进行的日常巡检、启停控制、参数设置、状态监控和优化调节。基础设施系统与设备运行应包括值班、监控、日

常巡检、运行操作、报警和事件处理等内容。对基础设施进行预防性维护和预测性维护。

3. 某企业实施数据机房建设项目，机房位于该企业业务综合楼二层，面积约50平方米。机房按照国家B类机房标准设计（如下图所示），估算用电量约50kW，采用三相五线制电源输入，双回路向机房设备供电，对电源系统提供三级防雷保护。按要求铺设了抗静电地板，安装了微孔回风吊顶。受机房高度影响，抗静电地板高为20厘米。机房分为配电间和主机间两个区域，分别是15平方米和35平方米。配电间配置市电配电柜、UPS主机及电池柜等设备；主机间配置网络机柜、服务器机柜以及精密空调等设备。

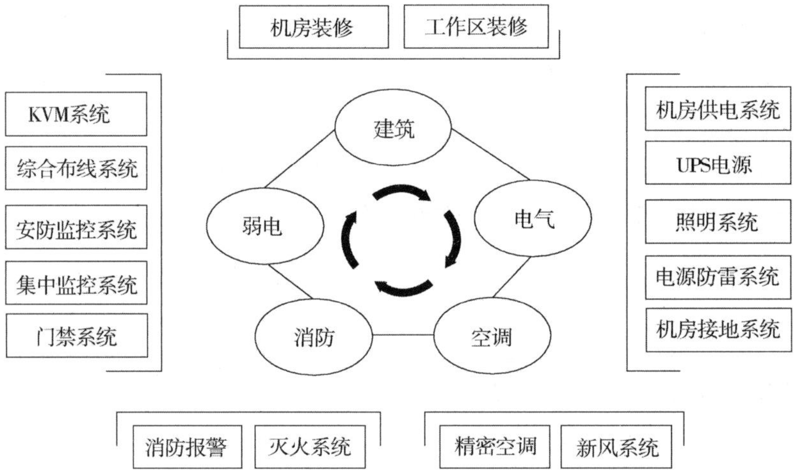

根据以上资料，请回答以下问题。

（1）在机房内空调制冷一般有下送风和上送风两种方式。该建设方案采用上送风的方式，选择该方式的原因有（　　）。（多选）

A. 静电地板的设计高度没有给下送风预留空间

B. 可以及时发现和排除制冷系统产生的漏水，消除安全隐患

C. 上送风建设成本较下送风低，系统设备易于安装和维护

D. 上送风和下送风应用的环境不同，在IDC机房建设时要求采用上送风方式

【解析】上送风和下送风的建设成本没有明显的高低之分，也没有明确要求。

【答案】AB

（2）该方案对电源系统提供的第一、二级防雷保护对应措施可以有（　　）。（多选）

A. 在大楼的总配电室电源输入端安装防雷模块

B. 在机房的配电柜输入端安装防雷模块

C. 选用带有防雷器的插座用于服务器、工作站等设备的防雷击保护

D. 对机房中 UPS 不间断电源做防雷接地保护

【解析】第一级防雷通常设置在电源系统的入口处；第二级在电源系统的中间环节，如配电柜等位置；第三级侧重关键设备的精细保护，通常设置在设备的电源进线处。

【答案】AB

（3）网络布线系统通常划分为工作区子系统等六个子系统，机房的布线系统主要采用（　　）。（多选）

A. 水平布线子系统　　B. 配线间子系统

C. 管理子系统　　D. 工作区子系统

【解析】管理子系统由交连、互连配线架组成。互连配线架根据不同的连接硬件分为楼层配线架（箱）IDF 和总配线架（箱）MDF。IDF 可安装在各楼层的干线接线间，MDF 一般安装在设备机房。配线间子系统是由设备间中的电缆、连接器和有关的支撑硬件组成，作用是将计算机、PBX、摄像头、监视器等弱电设备互连起来并连接到主配线架上。

【答案】BC

（4）关于机房要求，下列说法正确的有（　　）。（多选）

A. 机房灭火系统主要是采用气体灭火，其灭火剂包括七氟丙烷、二氧化碳、气溶胶等对臭氧层无破坏的灭火剂，分为管网式和无管网式

B. 机房环境监控系统监控的对象主要是机房动力和环境设备，比如配电、UPS、空调、温湿度、烟感、红外、门禁、防雷、消防等设备设施

C. B 级机房对环境温度要求是 18℃ ~28℃，相对湿度要求是 40% ~70%

D. 机房新风系统中新风量值的计算方法主要按房间的空间大小和换气次数作为计算依据

【解析】A 类和 B 类机房要求一样，温度都是 23℃ ±1℃，湿度均为 40% ~55%。其他说法正确。

【答案】ABC

（5）数据机房的接地一般包括（　　）。（多选）

A. 交流工作接地　　B. 直流工作接地

C. 保护接地　　D. 防雷接地

【解析】略。

【答案】ABCD

错题、要点整理页

第二部分

模拟测试

模拟测试（一）

一、单项选择题（下列各题的备选答案中，只有一个正确选项，请将正确选项的字母填写在括号中，多选、错选、不选均不得分。每小题 2 分，共计 30 分）

1. 自 2024 年 4 月至 7 月，在全党开展的学习教育是（　　）。

A. 党史学习教育

B. 党纪学习教育

C. “不忘初心、牢记使命”主题教育

D. 党章学习教育

2. 发展新质生产力的核心要素是（　　）。

A. 人才培养　　B. 科技创新

C. 实体经济　　D. 传统经济

3. 2024 年“便民办税春风行动”，面向新办纳税人开展的活动是（　　）。

A. “说理式执法”活动

B. “开业第一课”活动

C. “一窗办”活动

D. “一条龙服务”活动

4. 根据《国家税务总局关于开展 2024 年“便民办税春风行动”的意见》规定，下列各项中，与税务总局“畅通纳税人缴费人诉求收集渠道”要求背道而驰的是（　　）。

A. “民呼我为”　　B. “接诉即办”

C. “未诉先办”　　D. “提高门槛”

5. 2024 年全国税务工作会议的主题是（　　）。

A. 深入学习贯彻党的二十大精神　守正创新　奋力推进新征程税收现代化

B. 凝心聚力　勇担使命　高质量推进中国式现代化税务实践

C. 务本求实　稳中提质　高质量推进中国式现代化税务实践

D. 坚持以习近平新时代中国特色社会主义思想为指引　高质量推进中国式现代化税

务实践

6. 下列选项中，可用于数字签名的算法是（　　）。

A. RSA　　B. IDEA

C. RC4　　D. MD5

7. 以下关于拒绝服务攻击的叙述中，不正确的是（　　）。

A. 拒绝服务攻击的目的是使计算机或者网络无法提供正常的服务

B. 拒绝服务攻击是不断向计算机发起请求来实现的

C. 拒绝服务攻击会造成用户密码的泄露

D. DDoS 是一种拒绝服务攻击形式

8. 在项目初始阶段，软件开发首先需要（　　）。

A. 理解要解决的问题

B. 确定解决方案

C. 确定参与开发的人员

D. 估算开发成本

9. 软件项目管理所涉及的范围覆盖了整个软件（　　）。

A. 开发过程　　B. 运行与维护过程

C. 定义过程　　D. 生存期

10. 编译和解释是实现高级程序设计语言的两种基本方式，这两种方式的主要区别是（　　）。

A. 是否进行代码优化

B. 是否进行语法分析

C. 是否生成中间代码

D. 是否生成目标代码

11. 在 Windows 系统中，为排除 DNS 域名解析故障，需要刷新 DNS 解析器缓存，应使用的命令是（　　）。

A. ipconfig/renew　　B. ipconfig/flushdns

C. netstat-r　　D. arp-a

12. 以下关于 URL 的叙述中，不正确的是（　　）。

A. 使用 www. abc. com 和 abc. com 打开的是同一页面

B. 在地址栏中输入 www. abc. com 默认使用 http 协议

C. www. abc. com 中的“www”是主机名

D. www. abc. com 中的“abc. com”是域名

13. 某项目组拟开发一个大规模系统，且具备了相关领域及类似规模系统的开发经验。下列过程模型中，最适合开发此项目的是（　　）。

A. 原型模型　　B. 瀑布模型

C. V 模型　　D. 螺旋模型

14. 在面向对象软件开发过程中，采用设计模式的目的是（　　）。

A. 复用成功的设计

B. 保证程序的运行速度达到最优值

C. 减少设计过程中创建的类的个数

D. 允许在非面向对象程序设计语言中使用面向对象的概念

15. 关系模式 SCS（Sno，Cno，Score）中，Sno 是学生学号，Cno 是课程号，Score 是成绩。若查询每门课成绩的平均成绩，且要求查询结果按平均成绩升序排列，平均成绩相同时，按课程序号排列，可用 SQL 语言写为（　　）。

A. SELECT Cno，AVG（Score）FROM SCSGROUP BY Score ORDER BY AVG（Score），Cno DESC

B. SELECT Cno，AVG（Score）FROM SCSGROUP BY Cno ORDER BY 2，Cno DESC

C. SELECT Cno，AVG（Score）FROM SCSORDER BY Cno DESC ORDER BY Score

D. SELECT Cno，AVG（Score）FROM SCSGROUP BY AVG（Score）ORDER BY Cno DESC

二、多项选择题（下列各题的备选答案中，至少有两个正确选项，请将正确选项的字母填写在括号中，多选、错选、少选、不选均不得分。每小题 2 分，共计 30 分）

1. 2024 年全国税务系统全面从严治党工作的主要任务包括（　　）。

A. 巩固拓展主题教育成果

B. 强化政治监督

C. 深化税务系统反腐败斗争

D. 推动税务系统党的建设高质量发展

2. 税务系统党委讨论和决定本单位本系统重大问题，应当遵守的工作要求有（　　）。

A. 按照规则由集体讨论和决定

B. 议题由党委书记提出提交

C. 党委会议表决前应当进行充分讨论

D. 党委会议研究决定多个事项的，应一次性进行表决

3. 2024 年的《政府工作报告》指出，在 2024 年经济社会发展政策取向方面，要落实好结构性减税降费政策。重点支持的方向有（　　）。

A. 科技创新　　B. 房地产振兴

C. 文化旅游　　D. 制造业发展

4. 2024 年，国务院在优化政务服务提升行政效能方面，提出推动“高效办成一件事”，

其具体目标包括（　　）。

A. 办事流程最优化　　B. 办事时间最短化

C. 办事方式多元化　　D. 办事材料最简化

5. 下列关于“新质生产力”的说法，正确的有（　　）。

A. 由技术革命性突破、生产要素创新性配置、产业深度转型升级而催生

B. 以劳动者、劳动资料、劳动对象及其优化组合的跃升为基本内涵

C. 以全要素生产率大幅提升为核心标志

D. 特点是创新，关键在质优，本质是先进生产力

6. 以下描述中，不属于通用操作系统基本功能的有（　　）。

A. 对计算机系统中各种软、硬件资源进行管理

B. 对信息系统的运行状态进行监控

C. 对数据库中的各种数据进行汇总和检索

D. 对所播放的视频文件内容进行分析

7. 以下关于分层体系结构的叙述中，正确的有（　　）。

A. 可以很好地表示软件系统的不同抽象层次

B. 对每一个层的修改通常只影响相邻的两层

C. 将需求定义到多层上很容易

D. 有利于开发任务的分工

8. 下面关于集线器与交换机的描述中，正确的有（　　）。

A. 交换机是一种多端口网桥

B. 交换机的各个端口形成一个广播域

C. 集线器的所有端口组成一个冲突域

D. 集线器可以起到自动寻址的作用

9. 以下关于云计算描述正确的有（　　）。

A. 云计算是一种技术，能实现随时随地、便捷、随需应变地获取到 IT 资源

B. 云计算中的各种 IT 资源需要付费才能使用

C. 在云计算中获取的 IT 资源需要通过网络才能使用

D. 在获取 IT 资源的过程中，用户需要与云计算服务提供商反复交涉

10. 建立 IT 治理机制时，需要遵守的原则包括（　　）。

A. 透明　　B. 简单

C. 适合　　D. 公平

11. 安全需求可以划分为（　　）。

A. 物理线路安全　　B. 网络安全

C. 系统安全　　D. 应用安全

12. 程序的基本控制结构有（　　）。

A. 调用　　B. 顺序

C. 选择　　D. 重复

13. 以下关于增量模型的叙述中，正确的有（　　）。

A. 容易理解，管理成本低

B. 核心的产品往往首先开发，因此经历最充分的测试

C. 第一个可交付版本所需要的成本低，时间少

D. 即使一开始用户需求不清晰，对开发进度和质量也没有影响

14. 耦合是模块之间的相对独立性（互相连接的紧密程度）的度量，耦合程度取决于（　　）。

A. 调用模块的方式

B. 各个模块之间接口的复杂程度

C. 通过接口的信息类型

D. 模块提供的功能数

15. 云存储将存储资源池中的存储和数据服务，通过网络以统一的接口按需提供给授权用户，具有的特点包括（　　）。

A. 按需服务，用户可按需申请、使用

B. 用户需要了解数据存储在不同节点上的具体分布

C. 高扩展性，云存储的规模可以动态伸缩，满足数据规模增长的需要

D. 透明服务，提供统一的接口，后端存储节点对用户透明

三、判断题（判断各题正误。正确的打“√”，错误的打“×”，每小题 1 分，共计 10 分）

1. 微信中语音转换为文字的功能，主要应用了专家系统技术。（　　）
2. 保证数据的语义完整性定位于在并发事务中保证数据库中数据的逻辑一致性。（　　）
3. 技术评审可以提高软件质量。（　　）
4. GFS 文件系统不属于开源系统。（　　）
5. 为了提高模块独立性，模块之间最好采用控制耦合。（　　）
6. 常用作网络边界防范的是防火墙。（　　）
7. 项目复杂性、规模和结构的不确定性属于技术风险。（　　）
8. PPP 中的安全认证协议是 CHAP，它使用三次握手的会话过程传送密文。（　　）
9. 快速以太网物理层标准中，使用 5 类无屏蔽双绞线作为传输介质的是 100BASE-Tx。（　　）

10. RIP 采用组播方式发布路由信息，而 OSPF 以广播方式发布路由信息。 （ ）

四、案例分析题（每小题 2 分，共 10 分）

某税务所工作人员小王为了保证自己的税务专网计算机不被病毒感染，卸载了税务桌面管理系统，下载使用卡巴斯基杀毒软件，定期使用个人 U 盘从互联网下载最新病毒库然后插入涉密计算机更新病毒库。小王认为，更新了最新的病毒库就不需要再经常性地查杀病毒。一天，小王电脑系统资源几乎耗尽，网速也变得十分缓慢，系统接近瘫痪，小王想起新闻中提到，最近勒索病毒流行，于是慌忙到外网电脑上下载勒索病毒的专杀工具，对电脑进行查杀。

根据以上材料，回答以下问题。

1. 以下关于计算机病毒的描述中，属于计算机感染病毒的迹象的有（ ）。（多选）
   A. 计算机运行程序异常，反应迟钝
   B. 没有操作情况下，磁盘自动读写
   C. 设备有异常现象，如显示怪字符，磁盘读不出来等
   D. 计算机频繁死机，无法操作
2. 下列措施中，能够有效预防病毒入侵计算机系统的是（ ）。（单选）
   A. 对所有文件系统设置只读模式
   B. 定期对操作系统进行查杀
   C. 安装病毒免疫卡
   D. 堵塞病毒传播途径
3. 小王在工作中，操作存在问题的有（ ）。（多选）
   A. 使用个人 U 盘从互联网下载最新病毒库插入涉密计算机更新病毒库
   B. 更新了最新病毒库，不再经常性查杀病毒
   C. 在外网电脑上下载勒索病毒的专杀工具
   D. 卸载税务桌面管理系统，安装专用杀毒软件
4. 对于 Windows 系统，属于预防勒索病毒的做法有（ ）。（多选）
   A. 关闭 135、137、445 等高危端口
   B. 定期备份重要数据
   C. 及时更新 Windows 发布的安全补丁和安全软件
   D. 利用“勒索病毒免疫工具”进行修复
5. 当发生网络安全事件时，以下处理行为正确的有（ ）。（多选）
   A. 税务人员发现在网络上出现涉税舆情时，应及时向局领导或舆情管理部门报告有关情况。出现重大涉税舆情，由舆情管理部门及时向上级报告
   B. 税务人员发现信息系统重大安全事件时，必须及时报告本单位网信办，并积极协

助排查和处置

C. 办税服务窗口接受纳税人资料电脑爆发蠕虫病毒，联络员马上断网，并向网信办报告

D. 发现信息系统安全事件时，税务工作人员应自行对安全事件进行尝试性验证

五、实务操作题（共 20 分）

金税三期下发数据库中有登记_纳税人信息表（DJ_NSRXX）、登记_纳税人扩展信息表（DJ_NSRXX_KZ）和税务机关代码表（DM_SWJG）：

DJ_NSRXX（nsrdzdah，nsrsbh，nsrmc，nsr_swjg_dm，scjydz...），

DJ_NSRXX_KZ（nsrdzdah，zcd_dhhm，fr_dhhm，zy，jy...），

DM_SWJG（swjg_dm，swjg_mc...），

其中 nsr_swjg_dm 是表 DJ_NSRXX 的外键（参考表 DM_SWJG 中的 swjg_dm）。

要求分别写出执行脚本：

1. 对 DJ_NSRXX 表，按税务机关统计各纳税人户数，输出税务机关名称（swjg_mc）和户数。(3 分)

2. 对 DM_SWJG 表，删除一个代码以“110”打头的部门。(3 分)

3. 编写一个名为 del_nsr 的数据库触发器，当任何时候从 DJ_NSRXX 表中删除一个纳税人时，该触发器将从 DJ_NSRXX_KZ 表中删除该纳税人相应的记录，异常处理部分不考虑。(4 分)

4. 对 DJ_NSRXX 表进行备份，有几种方式？分别简述其特点。(5 分)

5. 对下发库数据进行备份，有几种方式？简述其特点。(5 分)

模拟测试（一）·参考答案及解析

答案速查

一、单项选择题

1. B	2. B	3. B	4. D	5. D
6. A	7. C	8. A	9. A	10. D
11. B	12. A	13. B	14. A	15. B

二、多项选择题

1. ABCD	2. ABC	3. AD	4. ACD	5. ABCD
6. BCD	7. ABD	8. ABC	9. AC	10. ABC
11. ABCD	12. BCD	13. BCD	14. ABC	15. ACD

三、判断题

1. ×	2. ×	3. √	4. √	5. ×
6. √	7. ×	8. √	9. ×	10. ×

四、案例分析题

1. ABCD	2. D	3. ABCD	4. ACD	5. ABC

答案解析

一、单项选择题

1.【答案】B

【解析】中共中央办公厅印发的《关于在全党开展党纪学习教育的通知》指出，为深入学习贯彻修订后的《中国共产党纪律处分条例》，经党中央同意，自2024年4月至7月，在全党开展党纪学习教育。

2.【答案】B

【解析】2024年1月31日，习近平总书记在中共中央政治局第十一次集体学习时指出，科技创新能够催生新产业、新模式、新动能，是发展新质生产力的核心要素。

3.【答案】B

【解析】根据《国家税务总局关于开展2024年“便民办税春风行动”的意见》规定，开展面向新办纳税人的“开业第一课”活动，精准推送新办纳税人想要了解和需要掌握的政策、指引等宣传辅导产品。

4.【答案】D

【解析】根据《国家税务总局关于开展2024年“便民办税春风行动”的意见》规定，持续深化“民呼我为”“接诉即办”“未诉先办”，畅通纳税人缴费人诉求收集渠道，强化直联点税务机关诉求感知“触角”作用，进一步提高诉求办理效率，办成办好纳税人缴费人反映较多的热点诉求，并适时向社会公开办理情况。

5.【答案】D

【解析】2024年全国税务工作会议的主题是“坚持以习近平新时代中国特色社会主义思想为指引　高质量推进中国式现代化税务实践”。

6.【答案】A

【解析】IDEA算法和RC4算法都是对称加密算法，用来进行数据加密。MD5算法是消息摘要算法，用来生成消息摘要无法进行数字签名。RSA是非对称加密算法，可以在数字签名中应用。

7.【答案】C

【解析】拒绝服务攻击是指不断对网络服务系统进行干扰，影响正常用户的使用，不会造成用户密码的泄露。

8.【答案】A

【解析】在项目开发初始阶段，首先需要理解待解决的问题是什么，才能确定其他方面的内容。

9.【答案】A

【解析】软件项目管理涵盖整个软件项目的生存期，包括开发过程和维护过程，涉及人员管理、产品管理、过程管理和项目管理几个方面。

10.【答案】D

【解析】解释程序和编译程序在词法、语法和语义分析方面工作原理基本相同，解释程序不产生目标程序，直接执行源程序。

11.【答案】B

【解析】ipconfig/renew：刷新或更新本地计算机的 IP 地址配置；ipconfig/flushdns：清空 DNS 解析缓存；netstat-r：显示路由表信息；arp-a：显示本地 ARP 缓存表。

12.【答案】A

【解析】www. abc. com 和 abc. com 可能指向不同的服务器或页面，这取决于网站的 DNS 配置和重定向设置。在没有指定协议（http：//或 https：//）的前提下，浏览器默认使用 http 协议。www 通常是主机名的一部分，www. abc. com 中的 abc. com 是域名，是互联网上的唯一标识符。

13.【答案】B

【解析】项目组具备了所开发系统的相关领域及类似规模系统的开发经验，即需求明确，瀑布模型最适合开发此项目。

14.【答案】A

【解析】在面向对象软件开发过程中，采用设计模式的主要目的就是复用成功的设计。

15.【答案】B

【解析】查询平均成绩，需要使用 AVG 函数，AVG 函数和 GROUP BY 子句要配对使用，GROUP BY Cno 表示按课程号分组计算平均成绩；排序需使用 ORDER BY 字句，ORDER BY 2 等价于 ORDER BY AVG（Score），AVG（Score）为第二列，ORDER BY 后有两个字段时，先根据平均成绩排序，平均成绩相同时，根据课程号排序。

二、多项选择题

1.【答案】ABCD

【解析】2024 年税务系统全面从严治党工作主要任务包括：要巩固拓展主题教育成果，持之以恒学深悟透习近平新时代中国特色社会主义思想；要不断强化政治监督，持之以恒推动党中央决策部署落地见效；要坚持巩固深化提升，持之以恒推动税务系统党的建设高质量发展；要一体推进“三不腐”，持之以恒深化税务系统反腐败斗争；要扎实纠“四风”树新风，持之以恒强化税务系统纪律作风建设；要深入推进税务系统纪检监察体制改革，持之以恒推动一体化综合监督体系有效运转；要加强年轻干部教育管理监督，持之以恒推动税务青年建功新时代、奋进新征程；要加强党建和纪检干部队伍建设，持之以恒做到自身清、自身正、自身硬。

2.【答案】ABC

【解析】党委作出重大决策，一般应当经过调查研究、征求意见、充分酝酿等程序，按照规则由集体讨论和决定。党委会议议题由党委书记提出，或者由党委其他委员提出建议、党委书记综合考虑后确定。会议议题应当提前书面通知党委委员。党委会议议题提交表决前，应当进行充分讨论。表决可以采用口头、举手、无记名投票或者记名投票等方式进行，赞成票超过应到会党委委员半数为通过。未到会党委委员的书面意见不得计入票数。表决实行主持人末位表态制。会议研究决定多个事项的，应当逐项进行表决。

3.【答案】AD

【解析】2024 年《政府工作报告》，在 2024 年经济社会发展政策取向方面指出，落实好结构性减税降费政策，重点支持科技创新和制造业发展。

4.【答案】ACD

【解析】《国务院关于进一步优化政务服务提升行政效能推动“高效办成一件事”的指导意见》（国发〔2024〕3 号）第一条规定，把“高效办成一件事”作为优化政务服务、提升行政效能的重要抓手，加强整体设计，推动模式创新，注重改革引领和数字赋能双轮驱动，统筹发展和安全，推动线上线下融合发展，实现办事方式多元化、办事流程最优化、办事材料最简化、办事成本最小化，最大限度利企便民，激发经济社会发展内生动力。

5.【答案】ABCD

【解析】2024 年 1 月 31 日，习近平总书记在中共中央政治局第十一次集体学习时指出，新质生产力是创新起主导作用，摆脱传统经济增长方式、生产力发展路径，具有高科技、高效能、高质量特征，符合新发展理念的先进生产力质态。它由技术革命性突破、生产要素创新性配置、产业深度转型升级而催生，以劳动者、劳动资料、劳动对象及其优化组合的跃升为基本内涵，以全要素生产率大幅提升为核心标志，特点是创新，关键在质优，本质是先进生产力。

6.【答案】BCD

【解析】通用操作系统的基本功能是对计算机系统中各种软、硬件资源进行管理。

7.【答案】ABD

【解析】在分层体系结构中，如何将需求定义到不同的层上是不容易的。

8.【答案】ABC

【解析】集线器是一个简单的信号放大和中转设备，将接收到的数据帧广播到所有端口，不进行任何地址解析或路由决策。

9.【答案】AC

【解析】云计算使得用户能够随时随地便捷获取和使用所需的IT资源，云计算核心是通过网络提供计算资源和服务。云计算服务通常提供自动化的资源分配和管理机制，有开源或免费的云计算平台和服务可供使用。

10.【答案】ABC

【解析】IT治理机制的原则包括简单、透明、适合。

11.【答案】ABCD

【解析】物理线路安全：包括物理安全基础、环境和人身安全等。网络安全：保护网络系统及网上信息不受侵害。系统安全：关注操作系统和其他系统的安全性。应用安全：关注应用程序的安全。

12.【答案】BCD

【解析】程序的基本控制结构是顺序、选择和重复。顺序结构：按照代码顺序，依次执行。选择结构：根据条件的不同，选择性执行，通过if-else、switch等语句实现。重复结构：重复执行某段代码直到满足某个条件为止，通过for、while、do-while等循环语句实现。

13.【答案】BCD

【解析】增量模型从一组给定的需求开始，构造一系列可执行中间版本来实施开发活动，直到系统完成。增量模型对软件设计有更高的技术要求，软件体系结构要具有良好的开放性和稳定性。

14.【答案】ABC

【解析】耦合性是软件系统结构中各模块间相互联系紧密程度的一种度量。模块之间联系越紧密，耦合性越强。模块间耦合的高低取决于模块间接口的复杂性、调用的方式以及传递的信息类型。

15.【答案】ACD

【解析】云存储的特点包括：超大规模与超大容量存储、高可扩展性、高可用性和可靠性、安全性、透明服务、自动容错与负载均衡、低成本、灵活性等。云存储通过虚拟化技术将存储资源封装成一个独立的虚拟环境，用户无须关心数据存储的具体位置和物理环境。

三、判断题

1.【答案】×

【解析】微信中语音转换文字是基于自然语言处理技术实现的。

2.【答案】×

【解析】并发控制是确保及时纠正由并发操作导致错误的一种机制。并发控制的目标之一是保证数据的操作完整性，确保数据的逻辑一致性。语义完整性的范围更广泛，还包括数据的类型正确性、取值范围的有效性、参照完整性等方面，在数据的整个生命周期以及数据库的各种操作中都要保证语义完整性。

3.【答案】√

【解析】技术评审是一种以提高软件质量为目的的技术活动，涉及对软件本身的结构、与运行环境的接口、变更带来的影响等方面进行的评审活动。

4.【答案】√

【解析】GFS（Google File System）数据管理技术不属于开源系统。

5.【答案】×

【解析】耦合是模块之间的相对独立性（互相连接的紧密程度）的度量，耦合类型从低到高为数据耦合、标记耦合、控制耦合、公共耦合。数据耦合最有利于提高模块的独立性。

6.【答案】√

【解析】防火墙指的是一个由软件和硬件设备组合而成、在内部网和外部网之间、专用网与公共网之间的界面上构造的保护屏障。

7.【答案】×

【解析】项目复杂性、规模和结构的不确定性是项目估算风险的因素，这些因素可能会对项目的成功实施构成威胁。

8.【答案】√

【解析】PPP 扩展认证协议可支持多种认证机制。其中，质询握手认证协议（CHAP）是采用三次握手方式周期地验证对方的身份。

9.【答案】×

【解析】100BASE-Tx 使用非屏蔽双绞线或 1 类屏蔽双绞线就可以发送。

10.【答案】×

【解析】RIP 采用广播的方式发送路由信息，而 OSPF 以组播方式发布路由信息。

四、案例分析题

1.【答案】ABCD

【解析】计算机感染病毒包括：运行速度慢，病毒占用了内存和 CPU 资源，导致系统响应速度变慢，或者引发死机；删除了某些启动文件，系统无法启动；病毒复制了大量的病毒文件，磁盘可利用空间减少等。

2.【答案】D

【解析】对所有文件设置只读模式，只可以防止文件内容被意外修改，病毒依然可以附着在文件上。当文件被打开或执行时感染计算机。定时查杀病毒只能事后防范，不属于事前预防。病毒免疫卡能避免大部分病毒的感染，不能防新出现的病毒。

3.【答案】ABCD

【解析】应当安装税务系统统一的桌面管理系统，并定时更新，定时查杀病毒。小王判断计算机中病毒后，应首先断开税务专网，并及时上报信息技术部门，联系专业技术人员处理，或在技术人员的指导下处理，不得自行到外网上下载工具进行查杀。

4.【答案】ACD

【解析】定期备份重要数据，是感染勒索病毒后，使用备份数据恢复，减少损失。

5.【答案】ABC

【解析】发现信息系统安全事件时，税务工作人员应立即上报，由专业技术人员处理。

五、实务操作题

1.【答案】

```
SELECT  b. swjg_mc, count (distinct a. nsrsbh)
FROM  dj_nsrxx a, dm_swjg b
WHERE a. nsr_swjg_dm  =b. swjg_dm;
Group by  b. swjg_jc;
```

2.【答案】

```
update dm_swjg set yxbz = 'N' where swjg_dm like '110%';
```

3.【答案】

```
CREATE [OR REPLACE] TRIGGER del_nsr
BEFORE DELETE ON DJ_NSRXX
FOR EACH ROW
BEGIN
DELETE FROM DJ_NSRXX_KZ WHERE nsrdzdah  =: OLD. nsrdzdah;
END;
```

4.【答案】

A. EXPDP USERNAME/PWD TABLES = DJ_NSRXX DUMPFILE = ***. DMP

使用数据泵（Data Pump），并可异地导入。

B. CREATE TABLE dj_nsrxx_bak AS SELECT * FROM dj_nsrxx

在本地备份，操作简单。

5.【答案】

有三种备份方式：

（1）使用 RAM。使用 RAM 备份数据库，支持增量备份和压缩备份，自动化备份和恢复操作。

（2）物理备份。需要关闭数据库，直接复制数据库的物理文件到备份介质。优点是恢复速度快。

（3）逻辑备份。使用 Exp 工具导出数据库，然后使用 Imp 工具导入。支持跨平台的数据迁移。

模拟测试（二）

一、单项选择题（下列各题的备选答案中，只有一个正确选项，请将正确选项的字母填写在括号中，多选、错选、不选均不得分。每小题 2 分，共计 30 分）

1. 2024 年“便民办税春风行动”的主题是（　　）。

A. 持续提升效能·办好为民实事

B. 优化执法服务·办好惠民实事

C. 我为群众办实事

D. 智慧税务助发展·惠企利民稳增长

2. 2024 年全国税务系统的首要任务是（　　）。

A. 建强政治机关　　B. 聚财生财并举

C. 服务高质量发展　　D. 智慧税务建设

3. 中央经济工作会议指出，2024 年经济工作要坚持稳中求进、以进促稳和（　　）。

A. 先立后破　　B. 先破后立

C. 边立边破　　D. 先行后稳

4. 全国税务工作会议强调，要加力推进的跨境税费服务品牌名称是（　　）。

A. “税路通”

B. “纵合横通强党建”

C. “政策找人”

D. “高效办成一件事”

5. 坚持把发展经济的着力点放在实体经济上，推进新型工业化，是我国当前建设现代化产业体系的重要举措。下列选项中，不属于建设现代化产业体系内容的是（　　）。

A. 加快建设质量强国

B. 加快建设农业大国

C. 加快建设数字中国

D. 加快建设网络强国

6. 以下关于瀑布模型的主要特点说法正确的是（　　）。
   A. 用户容易参与到开发活动中
   B. 易于处理可变需求
   C. 缺乏灵活性
   D. 用户与开发者容易沟通
7. 在数据库系统中，保护数据库，以防止不合法的使用所造成的数据泄露、更改或破坏是数据的（　　）。
   A. 安全性　　　　B. 可靠性
   C. 完整性　　　　D. 并发控制
8. 在软件开发过程中，详细设计的内容不包括（　　）设计。
   A. 软件体系结构　　　　B. 算法
   C. 数据结构　　　　D. 数据库物理结构
9. 包过滤防火墙是一种通过软件检查数据包以实现系统安全防护的基本手段，以下说法中不正确的是（　　）。
   A. 包过滤防火墙通常工作在网络层以上，因此可以实现对应用层数据的检查
   B. 包过滤防火墙通常根据数据包源地址、目的地址、端口号和协议类型等访问控制列表实现对数据包的过滤
   C. 数据包过滤用在内部主机和外部主机之间，过滤系统可以是一台路由器或主机
   D. 当网络规模比较复杂时，由于要求逻辑的一致性、封堵端口的有效性和正确性等原因，会导致访问控制规则复杂，难以配置管理
10. 以下关于数据流图的基本要素的叙述中，不正确的是（　　）。
    A. 外部实体仅指软件系统的用户
    B. 数据流由一组固定成分的数据组成，表示数据的流向
    C. 加工用于描述输入数据流到输出数据流之间的变换
    D. 数据存储用来表示存储的数据
11. HTTP 中，用于读取一个网页的操作方法为（　　）。
    A. READ　　　　B. GET
    C. HEAD　　　　D. POST
12. DHCP 的功能是自动分配 IP 地址；FTP 的作用是文件传输，使用的传输层协议为 TCP。根据下列输出信息，可以确定的是（　　）。

    C:\ > netstat-n

    Active Connections

    Proto　　Local Address Foreign Address State

    TCP　　192. 168. 0. 200:2011 202. 100. 112. 12:443 ESTABLISHED

TCP　　192. 168. 0. 200:2038 100. 29. 200. 110. 110 TIME WAIT

TCP　　192. 168. 0. 200:2052 128. 105. 129. 30. 80 ESTABLISHED

A. 本地主机正在使用的端口号是公共端口号

B. 192. 168. 0. 200 正在与 128. 105. 129. 30 建立连接

C. 本地主机与 202. 100. 112. 12 建立了安全连接

D. 本地主机正在与 100. 29. 200. 110 建立连接

13. 某集团公司下属有多个超市，每个超市的所有销售数据最终要存入公司的数据仓库中。假设该公司高管需要从时间、地区和商品种类三个维度来分析某家店商品的销售数据，那么最适合采用来完成的是（　　）。

A. Data Extraction　　B. OLAP

C. OLTP　　D. ETL

14. 关系模式 SCS（Sno，Cno，Score）中，Sno 是学生学号，Cno 是课程号，Score 是成绩。若查询平均分数超过 85 分的，可用 SQL 语言写为（　　）。

A. SELECT Cno，AVG（Score）FROM SCS WHERE AVG（Score）>85 GROUP BY Cno ORDER BY 2，Cno DESC

B. SELECT Cno，AVG（Score）FROM SCS GROUP BY Cno HAVING AVG（Score）>85 ORDER BY 2，Cno DESC

C. SELECT Cno，AVG（Score）FROM SCS WHERE AVG（Score）>85 GROUP BY Score ORDER BY 2，Cno DESC

D. SELECT Cno，AVG（Score）FROM SCS GROUP BY Score HAVING AVG（Score）>85 ORDER BY 2，Cno DESC

15. 计算机系统的软硬件故障可能会造成数据库中的数据被破坏。为了防止这一问题，通常需要（　　），以便发生故障时恢复数据库。

A. 定期安装 DBMS 和应用程序

B. 定期安装应用程序，并将数据库进行镜像

C. 定期安装 DBMS，并将数据库进行备份

D. 定期将数据库进行备份；在进行事务处理时，需要将数据更新写入日志文件

二、多项选择题（下列各题的备选答案中，至少有两个正确选项，请将正确选项的字母填写在括号中，多选、错选、少选、不选均不得分。每小题 2 分，共计 30 分）

1. 2023 年底召开的中央经济工作会议指出，进一步推动经济回升向好需要克服一些困难和挑战，主要困难和挑战有（　　）。

A. 有效需求不足、部分行业产能过剩

B. 社会预期偏弱、风险隐患仍然较多

C. 国内大循环存在堵点

D. 外部环境的复杂性、严峻性、不确定性上升

2. 全党开展党纪学习教育，组织党员特别是党员领导干部认真学习《中国共产党纪律处分条例》的主要目标包括（　　）。

A. 教育党员做到学纪、知纪、明纪、守纪

B. 搞清楚党的纪律规矩是什么，弄明白能干什么、不能干什么

C. 进一步强化纪律意识、加强自我约束、提高免疫能力

D. 始终做到忠诚干净担当

3. 全面贯彻 2024 年经济工作的总体要求，要注意把握和处理好的几对关系包括（　　）。

A. 速度与质量

B. 宏观数据与微观感受

C. 发展经济与改善民生

D. 发展与安全

4. 下列关于全国税务系统素质提升“2271”工程的表述正确的有（　　）。

A. 200 名左右战略人才

B. 2000 名左右领军人才

C. 7 万名左右专业骨干

D. 7 万名左右业务标兵

5. 2024 年全国税务系统全面从严治党工作会议强调做到八个“持之以恒”。下列属于八个“持之以恒”内容的有（　　）。

A. 持之以恒学深悟透习近平新时代中国特色社会主义思想

B. 持之以恒加强减税降费效益分析

C. 持之以恒推动税务系统党的建设高质量发展

D. 持之以恒强化税务系统纪律作风建设

6. 基于云服务器（Elastic Compute Service，ECS）实例搭建的网站，影响网站打开速度的因素包括（　　）。

A. 网页内容本身的大小

B. 网络的带宽

C. 是否有大量数据库的操作

D. 云服务器 ESC 实例的磁盘大小

7. 以下关于甘特图的叙述中，正确的有（　　）。

A. 一种进度管理的工具

B. 易于看出每个子任务的持续时间

C. 易于看出目前项目的实际进度情况

D. 易于清晰确定影响进度的关键任务

8. 以下关于面向对象设计的叙述中，正确的有（　　）。

A. 面向对象设计应在面向对象分析之前，因为只有产生了设计结果才可以对其进行分析

B. 面向对象设计与面向对象分析是面向对象软件过程中两个重要的阶段

C. 面向对象设计应该依赖于面向对象分析的结果

D. 面向对象设计产生的结果在形式上可以与面向对象分析产生的结果类似，例如都可以使用 UML 表达

9. 以下关于 VLAN 的叙述中，属于其优点的有（　　）。

A. 允许逻辑划分网段，提高网络管理灵活性

B. 减少了冲突域的数量，提升网络性能和稳定性

C. 增加了冲突域的大小，有效避免广播风暴

D. 减少了广播域的数量，有效控制广播风暴

10. 以下关于网络中各种交换设备的叙述中，错误的有（　　）。

A. 以太网交换机根据 MAC 地址进行交换

B. 帧中继交换机只能根据虚电路号 DLCI 进行交换

C. 三层交换机只能根据第三层协议进行交换

D. ATM 交换机根据虚电路标识进行信元交换

11. 以下关于通过解释器运行程序的叙述中，正确的有（　　）。

A. 可以由解释器直接分析并执行高级语言源程序代码

B. 与直接运行编译后的机器码相比，通过解释器运行程序的速度更慢

C. 解释器运行程序比运行编译和链接方式产生的机器码效率更高

D. 可以先将高级语言程序转换为字节码，再由解释器运行字节码

12. 以下关于公钥加密技术的叙述中，正确的有（　　）。

A. 公钥加密的数据可以用私钥解密

B. 私钥加密的数据可以用公钥解密

C. 公钥和私钥相互关联

D. 公钥加密采用与对称加密类似的位模式操作完成对数据的加解密操作

13. 在软件评审中，设计质量是指设计的规格说明书符合用户的要求。设计质量的评审内容包括（　　）。

A. 软件的可靠性

B. 软件的可测试性

C. 软件性能实现情况

D. 模块层次

14. 以下关于软件生命周期测试策略的叙述中，正确的有（　　）。

A. 在软件分析阶段进行需求说明书评测

B. 在软件概要设计阶段进行概要设计说明书评测

C. 在软件详细设计阶段进行详细设计说明书评测

D. 在软件开发阶段进行编码规范评测

15. 以下关于软件系统文档的叙述中，正确的有（　　）。

A. 软件系统文档既包括有一定格式要求的规范文档，又包括系统建设过程中的各种来往文件、会议纪要、会计单据等资料形成的不规范文档

B. 软件系统文档可以提高软件开发的可见度

C. 软件系统文档不能提高软件开发效率

D. 软件系统文档便于用户理解软件的功能、性能等各项指标

三、判断题（判断各题正误。正确的打“√”，错误的打“×”，每小题1分，共计10分）

1. “专注于价值”在于确保组织与所有利益相关者在一起朝着组织的目标持续共创价值。（　　）
2. 在C语言中，若“int n；float f = 13.8；”，则执行“n =（int）f%3”后，n的值是1。（　　）
3. 使用ping命令可进行网络检测，在进行一系列检测时，按照由近及远原则，首先执行的是ping默认网关。（　　）
4. 不论是采纳哪一种容灾方案，数据备份仍是最基础的，没有备份的数据，任何容灾方案都没有显示意义。（　　）
5. 数据机房中探测器至空调送风口边的水平距离不应小于0.5米。（　　）
6. SQL中，用于提交和回滚事务的语句分别是SAVE WORK和ROLLBACK WORK。（　　）
7. 云计算是对并行计算、网格计算、分布式计算技术的发展与运用。（　　）
8. NAS系统功能强大、易于扩展，所以NAS完全可以替代DAS架构。（　　）
9. 实现虚拟化技术最主要的目的之一，就是使硬件资源的利用最大化。（　　）
10. Oracle数据库临时表的数据是不能导出的，用户提交事务后就立即清空。（　　）

四、案例分析题（每小题2分，共10分）

下图所示为某企业桌面虚拟化设计的网络拓扑。

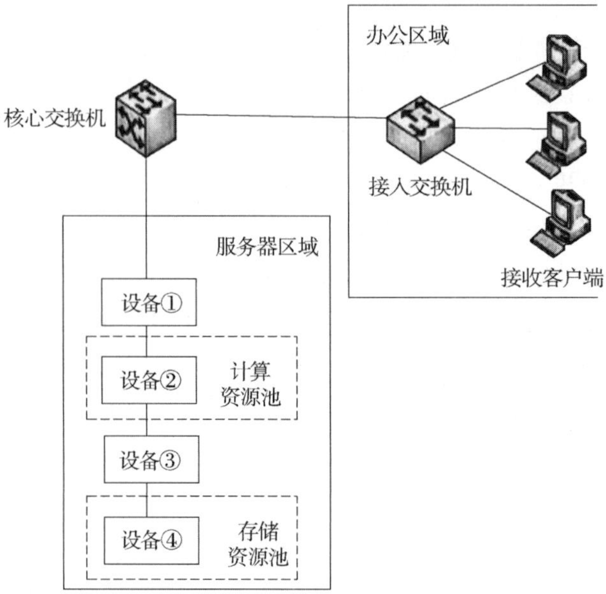

根据以上资料，回答以下问题。

（1）根据网络拓扑图以及桌面虚拟化部署需求，关于①、②、③、④部署设备说法正确的有（　　）。（多选）

A. ①处应部署防火墙

B. ②处应部署服务器

C. ③处应部署光纤交换机

D. ④处应部署存储系统

（2）拓扑图中的网络存储网络方式是（　　）。（单选）

A. FC-SAN　　B. DAS

C. NAS　　D. IP-SAN

（3）结合桌面虚拟化对存储系统的性能要求，从性价比考虑，选择磁盘方案合理的是（　　）。（单选）

A. 选择 SAS 类型磁盘

B. 混合配置，SSD 仅配备少量用作高速缓存

C. STAT 磁盘

D. STAT + SSD 混合配置，SSD 仅配备少量用作高速缓存

（4）桌面虚拟化可能会带来各种风险和问题，以下选项属于风险和问题的有（　　）。（多选）

A. 虚拟机之间的相互攻击

B. 防病毒软件的扫描风暴

C. 网络带宽瓶颈

D. 扩展性差

（5）针对桌面虚拟化带来的风险和问题，以下选项属于应对措施的有（　　）。（多选）

A. 安装虚拟化防护系统

B. 不安装防病毒软件

C. 提升网络带宽

D. 提高服务器配置

五、简答题（10 分）

某大型旅行社提供旅行服务，同时拥有线下营业厅、网络或电话提供预订服务。线下员工和线上网络在线支持的服务台员工都依赖于特定的 IT 系统提供预订等服务。在过去一段时间内，收到了客户关于服务质量低下的投诉，投诉包括电话接听不快，服务台代理提供一线支持的时间过长，日常发布公告通知不及时等。IT 部门拟制定针对服务台的相关指标，寻求对服务台服务的度量和改进提升。

请概要描述 IT 部门针对上述问题应制定可行指标。

六、实务操作题（共 10 分）

设 oracle 数据库中有业务表“征收信息表”ZSXX（nsrdzdah，nsrsbh，nsrmc，sssq_q，sssq_z，zsxm_dm，rkse），纳税人信息表 DJ_NSRXX（nsrdzdah，nsrsbh，nsrmc，swjg_dm），税务机关表 DM_SWJG（swjg_dm，swjg_mc）。

1. 写出“西城区”所属期 2023 年度入库税款前 10 名的 SQL 语句，显示 nsrsbh，nsrmc，rkse。（3 分）

2. 由于频繁分税种汇总查询，为 ZSXX 表 ZSXM_DM 添加索引。（3 分）

3. 查询“西城区”“东城区”所属期 2023 年度入库税款前 10 名的 SQL 语句，显示税务机关名称、纳税人识别号、纳税人名称、所得税入库税款、增值税入库税款、合计入库税款。（4 分）

模拟测试（二）· 参考答案及解析

答案速查

一、单项选择题

1. A	2. C	3. A	4. A	5. B
6. C	7. A	8. A	9. A	10. A
11. B	12. B	13. B	14. B	15. D

二、多项选择题

1. ABCD	2. ABCD	3. ABCD	4. ABD	5. ACD
6. ABC	7. ABC	8. BCD	9. ABD	10. ABD
11. ABD	12. ABC	13. ABC	14. ABC	15. ABD

三、判断题

1. ×	2. √	3. ×	4. √	5. ×
6. ×	7. √	8. ×	9. √	10. ×

四、案例分析题

1. BCD	2. A	3. A	4. ABC	5. AC

答案解析

一、单项选择题

1.【答案】A

【解析】2024 年税务总局决定，2024 年以“持续提升效能 · 办好为民实事”为主题，紧紧围绕推动国务院“高效办成一件事”部署在税务系统落地见效，持续开展“便民办税春风行动”，集成推出系列惠民利企服务举措，进一步提高纳税人缴费人获得感、满意度。

2.【答案】C

【解析】2024 年全国税务工作会议要求，2024 年全国税务系统要坚持以习近平新时代中国特色社会主义思想为指导，深刻领悟“两个确立”的决定性意义，增强“四个意识”、坚定“四个自信”、做到“两个维护”，坚持加强党对税务工作的全面领导，坚持完整、准确、全面贯彻新发展理念，坚持稳中求进、以进促稳、先立后破，以建强政治机关为首要责任，以服务高质量发展为首要任务，以聚财生财并举为首要担当，以优服务强监管为有力抓手，以智慧税务建设为有力支撑，以全面从严治党为有力保障，守正创新、接续奋斗，真抓实干、善作善成，高质量推进中国式现代化税务实践，更好发挥税收在国家治理中的基础性、支柱性、保障性作用，为以中国式现代化全面推进强国建设、民族复兴伟业作出更大贡献。

3.【答案】A

【解析】2023 年中央经济工作会议要求，明年要坚持稳中求进、以进促稳、先立后破，多出有利于稳预期、稳增长、稳就业的政策，在转方式、调结构、提质量、增效益上积极进取，不断巩固稳中向好的基础。要强化宏观政策逆周期和跨周期调节，继续实施积极的财政政策和稳健的货币政策，加强政策工具创新和协调配合。

4.【答案】A

【解析】2024 年全国税务工作会议强调，加强税收多边合作平台建设，完善“一带一路”税收征管合作机制，加力推进“税路通”品牌建设，着力打造市场化、法治化、国际化税收营商环境。

5.【答案】B

【解析】党的二十大报告第四部分明确：“（二）建设现代化产业体系。坚持把发展经济的着力点放在实体经济上，推进新型工业化，加快建设制造强国、质量强国、航天强国、交通强国、网络强国、数字中国。”

6.【答案】C

【解析】瀑布模型中，需求或设计中的错误往往只有到了项目后期才能被发现，项目风险的控制能力较弱。要求客户必须完整、正确和清晰表达需求，而在实际工作中，客户需求很难被描述清楚。

7.【答案】A

【解析】安全性是指保护数据库不受恶意访问，即防止不合法的使用所造成的数据泄露、更改或破坏。

8.【答案】A

【解析】软件体系结构在概要设计阶段设计，而数据结构、相关的算法以及数据库物理结构则在详细设计阶段设计。

9.【答案】A

【解析】包过滤防火墙主要工作在网络层，并不解析数据包的应用内容，应用层数据检查通常是由更高级别的安全设备软件（如应用层防火墙、入侵检测系统 IDS）来完成的。

10.【答案】A

【解析】外部实体是指存在于软件系统之外的人员、组织或其他系统。

11.【答案】B

【解析】当浏览器或其他 HTTP 客户端想要读取一个网页时，会向服务器发送一个 GET 请求，服务器随后返回请求的资源。

12.【答案】B

【解析】从 netstat-n 的输出信息中可以看出，本地主机 192. 168. 0. 200 使用的端口号 2011、2038、2052 都不是公共端口号。根据状态提示信息，其中已经与主机 128. 105. 129. 30 建立了连接，与主机 100. 29. 200. 110 正在等待建立连接，与主机 202. 100. 112. 12 已经建立了安全连接。

13.【答案】B

【解析】联机分析处理是一种软件技术，使分析人员快速从各个维度观察信息。OLTP 使前台接收的用户数据可以快速处理，及时给出处理结果；ETL 是将业务系统内数据经过抽取、清洗转换后加载到数据仓库的过程；Data Extraction：数据抽取。

14.【答案】B

【解析】HAVING 子句只能与 GROUPBY 搭配起来使用，在 GROUP BY 后。

15.【答案】D

【解析】数据库恢复就是在尽可能短的时间内把数据库恢复到故障发生前的状态。具体的实现方法有多种，如定期将数据库备份；在进行事务处理时，将对数据更新（插入、删除、修改）的全部有关内容写入日志文件。

二、多项选择题

1.【答案】ABCD

【解析】2023 年中央经济工作会议指出，进一步推动经济回升向好需要克服一些困难和挑战，主要是有效需求不足、部分行业产能过剩、社会预期偏弱、风险隐患仍然较多，国内大循环存在堵点，外部环境的复杂性、严峻性、不确定性上升。

2.【答案】ABCD

【解析】中共中央办公厅印发的《关于在全党开展党纪学习教育的通知》明确，组织党员特别是党员领导干部认真学习《中国共产党纪律处分条例》，做到学纪、知纪、明纪、守纪，搞清楚党的纪律规矩是什么，弄明白能干什么、不能干什么，把遵规守纪刻印在心，内化为言行准则，进一步强化纪律意识、加强自我约束、提高免疫能力，增强政治定力、纪律定力、道德定力、抵腐定力，始终做到忠诚干净担当。

3.【答案】ABCD

【解析】2023 年中央经济工作会议指出，要全面贯彻明年经济工作的总体要求，注意把握和处理好好速度与质量、宏观数据与微观感受、发展经济与改善民生、发展与安全的关系，不断巩固和增强经济回升向好态势。

4.【答案】ABD

【解析】2022 年税务总局印发了进一步加强新时代税务人才工作的意见，提出实施素质提升“2271”工程，结合数字人事考核评价，大力开展税务人才选拔培养，着力构建200 名左右战略人才、2000 名左右领军人才、7 万名左右业务标兵、1 万名左右青年才俊的税务人才队伍新体系。

5.【答案】ACD

【解析】2024 年全国税务系统全面从严治党工作会议强调，要巩固拓展主题教育成果，持之以恒学深悟透习近平新时代中国特色社会主义思想；要不断强化政治监督，持之以恒推动党中央决策部署落地见效；要坚持巩固深化提升，持之以恒推动税务系统党的建设高质量发展；要一体推进“三不腐”，持之以恒深化税务系统反腐败斗争；要扎实纠“四风”树新风，持之以恒强化税务系统纪律作风建设；要深入推进税务系统纪检监察体制改革，持之以恒推动一体化综合监督体系有效运转；要加强年轻干部教育管理监督，持之以恒推动税务青年建功新时代、奋进新征程；要加强党建和纪检干部队伍建设，持之以恒做到自身清、自身正、自身硬。

6.【答案】ABC

【解析】网络带宽、网页大小、大量数据库操作都会影响网站打开速速，而云服务器 ESC 实例大小不会成为网站打开速度的瓶颈。

7.【答案】ABC

【解析】甘特图侧重于展示项目的时间线和任务进度，并不直接提供影响进度的关键任务的明确信息。

8.【答案】BCD

【解析】面向对象分析与设计是面向对象软件开发过程中的两个重要阶段，面向对象分析产生分析模型，该分析模型可以使用UML表达，面向对象设计以分析模型为基础，继续对分析模型进行精化。

9.【答案】ABD

【解析】VLAN减小冲突域的大小，提高网络性能和安全性。

10.【答案】ABD

【解析】三层交换机在二层交换机的基础上具备了路由器的功能，可以根据需要同时利用二层和三层的信息，既可以基于MAC地址进行转发，也可以基于IP地址进行路由决策。

11.【答案】ABD

【解析】源程序的每个语句一经解释就立即执行，可移植性好，但是效率没有编译方式高。

12.【答案】ABC

【解析】钥加密使用两个独立的密钥，因此是非对称的，即需要使用一对加密密钥与解密这两个密钥是数学相关的。公钥加密的数据可以用私钥解密，私钥加密的数据也可以解密。与对称加密使用的位模式简单操作不同，公钥加密是基于数学函数的。

13.【答案】ABC

【解析】设计质量评审的主要内容有：软件需求规格说明，软件可靠性，软件是否具有可修改性、可扩充性、可互换性、可移植性、可测试性和可重用性，以及软件性能的实现情况；不涉及模块层次。

14.【答案】ABC

【解析】软件分析设计阶段的测试工作是评审与测试相结合的过程，主要包括需求说明书评测、概要设计说明书、详细设计说明书评测以及软件编码规范评测等。开发阶段的工作包括单元测试、集成测试、确认测试、系统测试、验收测试。编码规范评测在分析设计阶段进行，不是开发阶段。

15.【答案】ABD

【解析】软件系统文档可以提高软件开发的可见度，提高软件开发效率，且便于用户理解软件的功能、性能等各项指标。

三、判断题

1.【答案】×

【解析】服务价值系统的目的在于通过使用和管理产品与服务来确保组织与所有利

益相关者一起持续共创价值。“专注于价值”指导原则的目的在于指导思考服务消费者的需求，无法确保组织与所有利益相关者一起持续共创价值。

2. 【答案】√

【解析】f 为浮点型，(int) f 表示将 f 中的值强制类型转换为整型，即将浮点数 f 截断为整数，而不是四舍五入，故 13.8 转换为 13，然后计算 13%3;% 是取余运算符，用于计算 13 除以 3 后的余数，结果为 1。

3. 【答案】×

【解析】应当首先执行 ping 127.0.0.1，这是本地回环地址，用于测试本地计算机 IP 层是否正常工作，然后 ping 本地 IP，测试本地网络接口是否正常；然后 ping 本地 IP 地址对应的默认网关，测试本地网络与外部网络连接是否正常，最后 ping 远程主机。

4. 【答案】√

【解析】略。

5. 【答案】×

【解析】探测器至空调送风口边的水平距离必须保持至少 1.5 米的距离，最后接近回风口安装，有助于避免探测器受送风口的直接气流影响，在火灾发生时，探测器能准确地检测到烟雾或热量，及时发出警报。

6. 【答案】×

【解析】SQL 中用于提交和回滚事务的语句分别是 COMMIT WORK 和 ROLLBACK WORK。

7. 【答案】√

【解析】云计算是在并行计算、网格计算、分布式计算等基础上发展起来的。

8. 【答案】×

【解析】虽然 NAS 系统因其功能强大和易于扩展的特性在许多场景中表现出色，但在要求极高性能或特定应用场景下，DAS 架构可能仍然是更合适的选择。

9. 【答案】√

【解析】虚拟化技术通过将物理硬件资源抽象化，使得多个操作系统可以在同一台物理机器上运行，从而提高了硬件资源的利用率。

10. 【答案】×

【解析】临时表的数据可以导出。

四、案例分析题

1. 【答案】BCD

【解析】②处已标明为计算资源池，故选择服务器；④处已标明为独立的存储资源池，与计算资源池分开，故选择存储系统；①处设备连接核心交换机和服务器，故选择网络交换机；③处设备连接服务器和存储系统，一般为网络交换机和光纤交换机。

2.【答案】A

【解析】服务器通过光纤交换机访问存储资源，可见其存储网络为 FC-SAN。

3.【答案】A

【解析】STAT 磁盘每秒读写操作次数（IOPS）过低，影响虚拟化系统的性能；SAS 磁盘的 IOPS 较高，价格合适，可以满足虚拟化系统的性能要求；SSD 磁盘的 IOPS 很高，但价格太贵；配置少量 SSD 磁盘，作为高速缓存，可提高读数据的缓存命中率。

4.【答案】ABC

【解析】虚拟机存在的风险有：利用一台虚拟机攻击其他虚拟机的风险；大量用户在短时间内同时启动或登录虚拟桌面，会引起启动风暴、防毒扫描风暴、升级风暴；各用户的所有操作都需要通过网络传输，达到一定数量后，会存在网络带宽瓶颈。

5.【答案】AC

【解析】安装虚拟化防护系统可以防止利用一台虚拟机攻击其他虚拟机的风险；不安装杀毒软件不是应对风险好的办法。针对网络瓶颈，可以提升网络带宽。针对启动风暴，可以配置少量 SSD 磁盘，来满足启动时的性能要求；针对防毒扫描风暴，合理分配病毒扫描时间；针对升级风暴，可使用补丁服务器下发补丁。

五、简答题

【答案】(1) 每天每小时每项 IT 服务的电话呼叫量：确定通话量、所需员工和轮班（值班）安排。

(2) 按 IT 服务和服务台代理细分的电话通话评价通话时间：度量不同类型平均每次通话所需时间，找出薄弱环节所在。

(3) 按 IT 服务类型、所属优先级和涉及用户所在部门记录事件数：按事件类型和呼叫来源确定事件未来可能的趋势。

(4) 每类 IT 服务的一线解决率：确定服务台代理是否具有适当的技术和信息。

(5) 一次性指派正确类型的比率：即后期没有因故修订事件类型。

(6) 一次性指派正确事件优先级的比率：即后期没有因最初优先级设置的问题而调整事件优先级。

六、实务操作题

1.【答案】

```
SELECT NSRSBH,NSRMC,SUM(RKSE)
FROM ZSXX A,
DJ_NSRXX B,
```

```
B,DM_SWJG C
WHERE A. NSRDZDAH = B. NSRDZDNH
AND B. SWJG_DM = C. SWJG_DM
AND C. SWJG_MC ='西城区'
AND ROMNUM < =10
AND SSSQ_Q > DATE'2023 -01 -01'
AND SSSQ_Z < DATE'2023 -12 -31'
GROUP BY NSRSBH,NSRMC
ORDER BY SUM(A. RKSE) DESC
```

2.【答案】

```
CREATE INDEX idx_zsxm_dm ON ZZXX(ZSXM_DM);
```

3.【答案】

```
SELECT
DM_SWJG. SWJG_MC AS 税务机关名称,
ZSXX. NSRSBH AS 纳税人识别号,
ZSXX. NSRMC AS 纳税人名称,
SUM(CASE WHEN ZSXX. ZSXM_DM ='1' THEN ZSXX. RKSE ELSE 0 END ) AS 增值税税款,
SUM(CASE WHEN ZSXX. ZSXM_DM ='2' THEN ZSXX. RKSE ELSE 0 END ) AS 所得税税款,
SUM(ZSXX. RKSE ) AS 合计入库税款,
FROM ZSXX JOIN DJ_NSRXX
ON ZSXX. NSRSBH = DJ_NSRXX. NSRSBH
JOIN DM_SWJG
ON DJ_NSRXX. SWJG_DM = DM_SWJG. SWJG_DM
WHERE DM_SWJG. SWJG_MC IN
('西城区','东城区')
AND SSSQ_Q > DATE'2023 -01 -01'
AND SSSQ_Z < DATE'2023 -12 -31'
AND ROUNUM < =10
GROUP BY DM_SWJG. SWJG_MC,ZSXX. NSRSBH,ZSXX. NSRMC
ORDER BY 合计入库税款 DESC
```

模拟测试（三）

一、单项选择题（下列各题的备选答案中，只有一个正确选项，请将正确选项的字母填写在括号中，多选、错选、不选均不得分。每小题 2 分，共计 30 分）

1. 中国共产党跳出治乱兴衰历史周期率的第二个答案是（　　）。

A. 独立自主　　B. 人民监督

C. 自我革命　　D. 从严治党

2. 党的二十届三中全会提出，健全有利于（　　）的税收制度，优化税制结构。

A. 高质量发展、社会公平、市场统一

B. 高质量发展、社会和谐、市场统一

C. 高质量发展、社会公平、市场完善

D. 高质量发展、社会和谐、市场完善

3. 税务部门要认真学习贯彻习近平经济思想、习近平法治思想和习近平总书记关于税收工作的重要论述，牢牢把握高质量推进中国式现代化税务实践这一主线，坚持以科学精细、务实高效的管理理念打造（　　），坚定不移推动党中央决策部署落地见效。

A. 智慧税务　　B. 效能税务

C. 智能税务　　D. 高效税务

4. 2024 年 4 月，国家税务总局启动第 33 个全国税收宣传月，主题为（　　）。

A. 税惠千万家　共建现代化

B. 税收 · 发展 · 民生

C. 税助发展　向新而进

D. 持续提升效能　办好为民实事

5. 2024 年 7 月 31 日，中共中央、国务院印发《关于加快经济社会发展全面绿色转型的意见》，明确要健全绿色转型财税政策。以下不属于《意见》中关于健全绿色转型财税政策的是（　　）。

A. 落实环境保护、节能节水、资源综合利用、新能源和清洁能源车船税收优惠

B. 研究把城市维护建设税、教育费附加、地方教育附加合并为地方附加税

C. 完善绿色税制，全面推行水资源费改税

D. 完善环境保护税征收体系

6. 在程序运行过程中，CPU 要将指令从内存中取出并加以分析和执行，CPU 用来区分在内存中以二进制编码形式存放的指令和数据依据是（　　）。

A. 指令周期的不同阶段

B. 指令和数据的寻址方式

C. 指令操作码的译码结果

D. 指令和数据所在的存储单元

7. DHCP 客户端可从 DHCP 服务器获得（　　）。

A. DHCP 服务器的地址和 Web 服务器的地址

B. DNS 服务器的地址和 DHCP 服务器的地址

C. 客户端地址和邮件服务器地址

D. 默认网关的地址和邮件服务器地址

8. 在数据库逻辑设计阶段，若实体中存在多值属性，那么将 E-R 图转换为关系模式时，能得到的关系模式属于 4NF 的操作是（　　）。

A. 将所有多值属性组成一个关系模式

B. 使多值属性不在关系模式中出现

C. 将实体的码分别和每个多值属性独立构成一个关系模式

D. 将多值属性和其他属性一起构成该实体对应的关系模式

9. 软件著作权的客体不包括（　　）。

A. 源程序　　　　B. 目标程序

C. 软件文档　　　　D. 软件开发思路

10. 软件需求规格说明书的内容不包括（　　）。

A. 软件功能需求　　　　B. 软件非功能需求

C. 设计约束　　　　D. 接口设计

11. 如果子网 172. 6. 32. 0/20 被划分为子网 172. 6. 32. 0/26，则下面的结论中正确的是（　　）。

A. 被划分为 62 个子网

B. 每个子网有 64 个主机

C. 被划分为 32 个子网

D. 每个子网有 62 个主机地址

12. 属于函数式编程语言的是（　　）。

A. Lisp　　　　B. Prolog

C. Python　　　　　　　　　　　D. C/C ++

13. 将 Students 表的插入权限赋予用户 UserA，并允许其将该权限授予他人，目 SQL 语句为：GRANT INSERT TABLE Students TO UserA（　　）。

A. A. FOR ALL

B. PUBLIC

C. WITH CHECK OPTION

D. WITH GRANT OPTION

14. 在 C ++ 语言中，下列关于类和结构体的说法，正确的是（　　）。

A. 结构体不允许有成员函数

B. 结构体与类没什么区别，可以替换

C. 类定义中成员在默认情况下是 private

D. 类定义中成员在默认情况下是 public

15. 以下关于软件测试原则的叙述中，不正确的是（　　）。

A. 测试贯穿于全部软件生命周期，并不是实现完成后才开始

B. 测试用例本身不需要测试

C. 测试用例需要逐步完善、不断修订

D. 当缺陷成群集中出现时，测试时应该更多关注这些缺陷群

二、多项选择题（下列各题的备选答案中，至少有两个正确选项，请将正确选项的字母填写在括号中，多选、错选、少选、不选均不得分。每小题 2 分，共计 30 分）

1. 2024 年全国税务工作会议提到要旗帜鲜明讲政治，坚定不移建强政治机关、走好第一方阵。强调要做到的有（　　）。

A. 持续拓展主题教育成果

B. 持续深化政治机关意识教育和对党忠诚教育

C. 持续提升党建工作质效

D. 持续夯实基层基础

2. 打造效能税务的根本要求，是坚决当好党中央决策部署的（　　）。

A. 执行者　　　　　　　　　　　B. 行动派

C. 实干家　　　　　　　　　　　D. 践行者

3. 根据 2024 年 2 月 5 日中共中央发布的《党史学习教育工作条例》，党史学习教育工作遵循的原则包括（　　）。

A. 坚持党的全面领导

B. 坚持围绕中心、服务大局

C. 坚持以史鉴今、资政育人

D. 坚持统筹谋划、开拓创新

4. 2024 年全国税务工作会议强调要把准税务部门职责定位，具体包括（　　）。

A. 做党中央权威的忠诚捍卫者

B. 做推动高质量发展的高效执行者

C. 做优化营商环境的切实守护者

D. 做纳税人缴费人的倾情服务者

5. 2024 年全国税务工作会议指出，当前和今后一个时期，要做好“六个着力强化”，其中包括（　　）。

A. 着力强化政治统领

B. 着力强化依法治税

C. 着力强化改革创新

D. 着力强化科技先导

6. 云计算体系结构包括（　　）。

A. 物理资源层　　B. 资源池层

C. 管理中间件层　　D. SOA 构建层

7. 基于 IPSec 的 VPN 解决方案能够解决的问题包括（　　）。

A. 数据源身份认证

B. 数据保密

C. 自动的密钥管理和安全联管理

D. 增强防火墙安全性

8. 使用串行传输方式的硬盘接口包括（　　）。

A. SAS　　B. FC

C. SATA　　D. SCSI

9. 软件需求规格说明书的内容包括（　　）。

A. 软件功能需求　　B. 软件非功能需求

C. 设计约束　　D. 接口设计

10. 增量式开发的优势包括（　　）。

A. 软件可以快速地交付

B. 早期的增量作为原型，从而可以加强对系统后续开发需求的理解

C. 具有最高优先级的功能首先交付，随着后续的增量不断加入，这就使更重要的功能得到更多的测试

D. 很容易将客户需求划分为多个增量

11. 以下关于结构化开发方法的叙述中，正确的有（　　）。

A. 总的指导思想是自顶向下，逐层分解

B. 基本原则是功能的分解与抽象

C. 与面向对象开发方法相比，更适合于大规模、特别复杂的项目

D. 特别适合于数据解决领域的项目

12. 在进行软件设计时，以下结构设计原则中，正确的有（　　）。

A. 模块应具有较强的独立性，即高内聚和低耦合

B. 模块之间的连接存在上下级的调用关系和同级之间的横向联系

C. 整个系统呈树状结构，不允许网状结构或交叉调用关系出现

D. 所有模块都必须严格地分类编码并建立归档文件

13. 某用户在使用校园网中的一台计算机访问某网站时，发现使用域名不能访问该网站，但是使用该网站的 IP 地址可以访问该网站，造成该故障产生的原因有很多，其中包括（　　）。

A. 该计算机设置的本地 DNS 服务器工作不正常

B. 该计算机的 DNS 服务器设置错误

C. 该计算机与 DNS 服务器不在同一子网

D. 本地 DNS 服务器网络连接中断

14. 软件维护工具包括（　　）。

A. 版本控制工具　　B. 配置管理工具

C. 分析文档工具　　D. 逆向工程工具

15. 以下关于 Web 的兼容性测试的叙述中，正确的有（　　）。

A. 需要针对主流操作系统进行平台兼容性测试

B. 不同浏览器的安全性设计是一致的

C. 层次结构风格在不同的浏览器上可能有不同的显示

D. 浏览器的兼容性和操作系统的兼容性可以结合起来进行测试

三、判断题（判断各题正误。正确的打“√”，错误的打“×”，每小题 1 分，共计 10 分）

1. 实践有助于组织采纳和调整 ITIL 的指导方针。（　　）
2. 相比于 TCP，UDP 的优势在于可靠传输。（　　）
3. 在建立三级结构/两级映像的数据库体系结构，若对数据库的表建立聚簇索引，改变的是数据的模式。（　　）
4. 在软件项目管理中，项目组成员的工作风格也应该作为组织团队时要考虑的一个要素。（　　）
5. Python 语句“ab” + “c” * 2 的运行结果是 abc2。（　　）
6. LAN 备份的优点是备份速度快、不占有服务器资源。（　　）

7. 数据中心里相关给排水管道不应布置在电子信息设备的上方。（　　）
8. UPS 宜使用开放式电池架，以利于蓄电池的运行及维护。（　　）
9. RAID5 能提供较为完美的整体性能，既有相当程度上的磁盘读写性能和容量的提高，又提供了一定程度上的数据安全冗余，配置 RAID5 至少需 2 块磁盘。（　　）
10. 软件设计可分为概要设计和详细设计两大步骤，其中详细设计是根据需求确定软件和数据的总体框架。（　　）

四、案例分析题（每小题 2 分，共 10 分）

某政府部门新建大楼网络设计拓扑图如下图所示，根据业务需求，共有 3 条链路接入，分别连接电子政务外网、Internet 互联网、电子政务内网（涉密网）。其中，机要系统通过电子政务内网访问上级部门机要系统，并由加密机进行数据加密。3 条接入链路共用大楼局域网，通过 VLAN 逻辑隔离。大楼内部署有政府服务系统集群，对外提供政务服务；建设有 4 个视频会议室，部署视频会议系统，与上级单位和下级各部门召开业务视频会议及项目评审会议等，要求录播存储，录播系统将视频存储以 NFS 格式挂载为网络磁盘，存储视频文件。

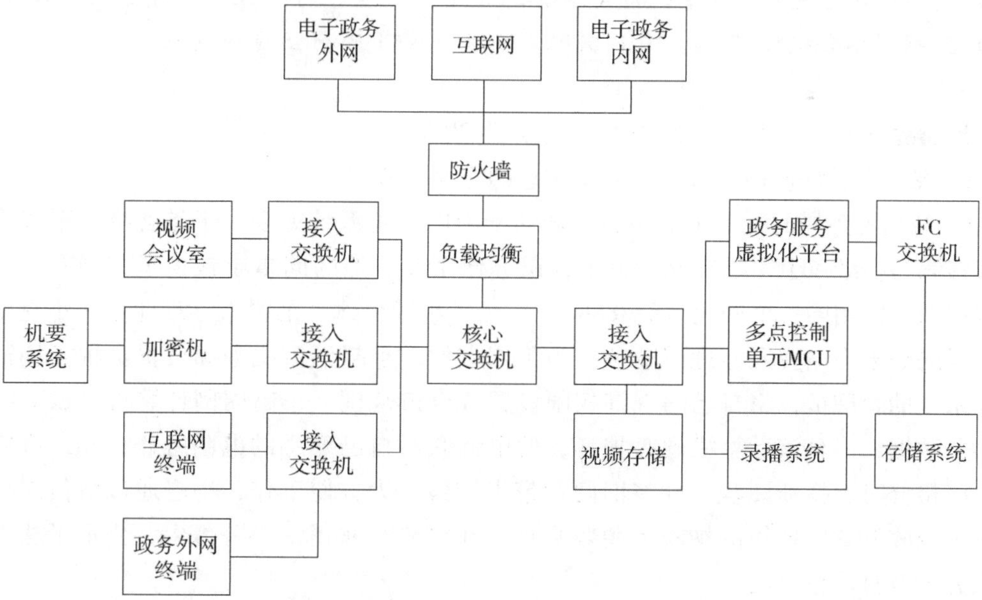

根据以上资料，回答以下问题。

1. 上图设计的网络结构为大二层结构，关于该类网络结构各层的主要功能和作用以及优点和缺点，说法正确的有（　　）。（多选）

A. 接入层为终端用户访问网络提供接入，并提供 VLAN 划分、端口隔离等功能

B. 核心层主要提供路由、DHCP、认证、安全管理等功能

C. 各接入层配置简单，由于网络层次更加扁平化，管理维护简单

D. 适合大规模复杂网络结构

2. 召开视频会议使用的协议是（　　）。（单选）

A. TCP　　B. UDP

C. H. 323　　D. HTTP

3. 上图中关于虚拟化平台连接的存储系统连接方式是（　　）。（单选）

A. FC-SAN　　B. DAS

C. NAS　　D. IP-SAN

4. 上图中关于视频存储的连接方式是（　　）。（单选）

A. FC-SAN　　B. DAS

C. NAS　　D. IP-SAN

5. 上图中大二层网络安全设置说法正确的有（　　）。（多选）

A. 机要系统和电子政务内网物理隔离，符合安全规范

B. 机要系统和电子政务内网逻辑隔离，不符合安全规范

C. 局域网内各视频会议室的视频终端和 MCU 需配置一对一 NAT 映射公网 IP 地址

D. 互联网参会视频终端和 MCU 需配置一对一 NAT 映射公网 IP 地址

五、论述题（第一题 5 分，第二题 15 分，共 20 分）

1. 在杀毒软件使用过程中，需要注意的方面有哪些？

2. 某地税务局的税务干部小赵，苦恼于内网应用系统太多，于是就将各系统用户名和密码写在纸条上，贴在显示器上，以方便工作。他的同事小钱为了方便登录，不同应用系统使用同一个密码“888888”。一天，小钱公休，纳税人办理业务，小赵就借用小钱的账号为纳税人办理了业务。为工作方便，小赵请市税务局负责金税三期征收管理系统的管理员，将自己的查询权限设置成全市范围。小赵内网计算机存放有纳税人财务数据，一日该计算机硬盘损坏，便电话联系自己熟悉的电脑维修公司，维修公司上门检修时更换新硬盘，并将旧硬盘带走销毁。为方便工作，小赵通过微信向科长发送了税收调查中搜集的纳税人税收数据。在欠税、非正常户公告中，公示了法人的联系方式及身份证号码。

就上述行为回答下面的问题：

（1）请问上述案例中，哪些行为不符合税务部门的安全规范？（5 分）

（2）上述不当行为，正确的做法是什么？（5 分）

（3）论述如何做好税务数据的安全管理工作。（5 分）

模拟测试（三）· 参考答案及解析

答案速查

一、单项选择题

1. C	2. A	3. B	4. C	5. B
6. A	7. B	8. C	9. D	10. D
11. D	12. A	13. D	14. C	15. B

二、多项选择题

1. ABC	2. ABC	3. ABCD	4. ABD	5. ABC
6. ABCD	7. ABC	8. ABC	9. ABC	10. ABC
11. ABD	12. ACD	13. ABD	14. ABCD	15. ACD

三、判断题

1. ×	2. ×	3. ×	4. √	5. ×
6. √	7. √	8. √	9. ×	10. ×

四、案例分析题

1. ABC	2. C	3. A	4. C	5. BD

答案解析

一、单项选择题

1.【答案】C

【解析】习近平总书记在党的二十大报告中指出，经过不懈努力，党找到了自我革命这一跳出治乱兴衰历史周期率的第二个答案。

2.【答案】A

【解析】详见党的二十届三中全会通过的《中共中央关于进一步全面深化改革　推进中国式现代化的决定》。

3.【答案】B

【解析】国家税务总局党委书记、局长胡静林在《学习时报》发表《高质量推进中国式现代化税务实践》一文中指出，税务部门要认真学习贯彻习近平经济思想、习近平法治思想和习近平总书记关于税收工作的重要论述，牢牢把握高质量推进中国式现代化税务实践这一主线，坚持以科学精细、务实高效的管理理念打造效能税务，坚定不移推动党中央决策部署落地见效。

4.【答案】C

【解析】国家税务总局每年4月紧扣党中央、国务院重大决策部署，围绕税收重点工作，集中开展全国税收宣传月活动，深入宣传税法知识、解读税费政策、倡导税收诚信，已成为纳税人缴费人自觉接受税法教育的重要课堂，也是社会各界主动了解税收、积极支持税收的重要载体。2024年4月，税务总局启动第33个全国税收宣传月，主题为“税助发展　向新而进”。

5.【答案】B

【解析】详见中共中央、国务院印发的《关于加快经济社会发展全面绿色转型的意见》。

6.【答案】A

【解析】CPU通过指令周期的不同阶段来区分内存中的指令和数据。指令和数据都存储在内存中，具体来说，在取指令阶段，CPU从内存中读取的是指令；在执行指令阶段，需要操作数，CPU从内存中读取的是数据。因此，指令周期的不同阶段决定了CPU当前是从内存中读取指令还是数据。

7.【答案】B

【解析】DHCP客户端可从DHCP服务器获得本机IP地址、DNS服务器的地址、DHCP服务器的地址、默认网关的地址等，但没有Web服务器、邮件服务器地址。

8.【答案】C

【解析】4NF主要限制关系模式的属性之间不允许有非平凡且非函数依赖的多值依赖。将E－R图转换为关系模式时，若实体包含多值属性，将这些多值属性与实体的码独立出来构成新的关系模式，可以确保每个多值属性都只依赖于实体的码，从而满足4NF的要求。

9.【答案】D

【解析】对软件著作权的保护，不延及开发软件所用的思想、处理过程、操作方法或者数学概念等。

10.【答案】D

【解析】软件需求规格说明书在需求分析阶段撰写，其内容包括软件功能需求、非功能需求、设计约束等，但接口设计在软件设计阶段进行。

11.【答案】D

【解析】对于子网172.6.32.0/20，前20位是网络地址，剩下12位是主机地址。继续划分为172.6.32.0/26，剩下6位是主机地址，去掉全0和全1的地址后，剩下62个可用主机地址。

12.【答案】A

【解析】Lisp是为人工智能而设计的语言，是一个函数式程序设计语言。

13.【答案】D

【解析】WITH GRANT OPTION：表示被授权的用户还可以将这个插入权限授予其他用户。

14.【答案】C

【解析】一般情况下，类封装了数据和其上的操作，结构体是一些数据的结合，在C++语言中，允许结构体包含成员函数。其间的区别在于：类中的成员默认情况下是private，而结构体是public。

15.【答案】B

【解析】测试用例也是需要经过测试的。

二、多项选择题

1.【答案】ABC

【解析】2024年全国税务工作会议提到，旗帜鲜明讲政治，坚定不移建强政治机关、走好第一方阵。持续拓展主题教育成果，抓好成果转化运用，建立健全完善税务系统主题教育常态化长效化制度机制；持续深化政治机关意识教育和对党忠诚教育，促进税务系统政治机关建设一贯到底；持续提升党建工作质效，进一步优化“纵合横通强党建”工作机制，全面推进党支部标准化规范化建设，强化党建与业务深度融合。

2.【答案】ABC

【解析】国家税务总局党委书记、局长胡静林在《学习时报》发表《高质量推进中国式现代化税务实践》一文中指出，坚决当好党中央决策部署的执行者、行动派、实干家，这是打造效能税务的根本要求。

3.【答案】ABCD

【解析】党史学习教育工作遵循以下原则：①坚持党的全面领导；②坚持围绕中心、服务大局；③坚持以史鉴今、资政育人；④坚持统筹谋划、开拓创新；⑤坚持分类指导、精准施策；⑥坚持唯物史观和正确党史观。

4.【答案】ABD

【解析】2024 年全国税务工作会议强调，要自觉对标对表党的二十大精神和中央经济工作会议部署，深刻认识当前税务工作面临的形势任务，努力在服务党和国家事业发展大局中进一步牢牢把准税务部门职责定位，做党中央权威的忠诚捍卫者、做推动高质量发展的高效执行者、做纳税人缴费人的倾情服务者、做经济社会秩序的坚定维护者。

5.【答案】ABC

【解析】2024 年全国税务工作会议强调，当前和今后一个时期，要紧紧聚焦“以习近平新时代中国特色社会主义思想为指引，高质量推进中国式现代化税务实践”这一工作主线，着力强化政治统领，着力强化依法治税，着力强化改革创新，着力强化管理增效，着力强化服务提质，着力强化风险防范，坚持一张蓝图绘到底，持续完善“抓好党务、干好税务、带好队伍”的工作体系，在以税收现代化服务中国式现代化的新征程中再建新功。

6.【答案】ABCD

【解析】物理资源层：包含服务器等硬件资源。资源池层：物理资源虚拟化，形成计算资源层等。管理中间件层：负责对资源进行管理、监控等。SOA 构建层：通过面向服务的架构为用户提供各种服务。

7.【答案】ABC

【解析】不能直接增强防火墙的安全性，防火墙的安全性取决于自身的规则配置和防护策略。

8.【答案】ABC

【解析】原始的 SCSI 接口是并行的；SAS 是串行传输方式；FC 是串行接口；SATA 完全采用串行传输方式。

9.【答案】ABC

【解析】软件需求规格说明书在需求分析阶段撰写，其内容包括软件功能需求、非功能需求、设计约束等，但接口设计在软件设计阶段进行。

10.【答案】ABC

【解析】实际工作中，将客户需求准确划分为多个独立的增量需要开发团队具备丰富的经验和深入的需求分析能力。

11.【答案】ABD

【解析】结构化开发方法在处理大规模、特别复杂的项目时，其灵活性和可扩展习惯不如面向对象开发方法。

12.【答案】ACD

【解析】系统的模块之间应该呈树状结构，模块之间存在上下级调用关系，但不允许同级之间的横向联系，也不希望有复杂的网状结构或交叉调用关系。

13.【答案】ABD

【解析】如果本地的 DNS 服务器工作不正常或者本地 DNS 服务器网络连接中断，都有可能导致该计算机的 DNS 无法解析域名，而如果直接将该计算机的 DNS 服务器设置错误，也会导致 DNS 无法解析域名，从而出现使用域名不能访问该网站，但是使用该网站的 IP 地址可以访问该网站的情况。但是该计算机与 DNS 服务器不在同一子网不会导致 DNS 无法解析域名的现象发生，通常情况下，大型网络中的上网计算机与 DNS 服务器本身就不在一个子网，只要路由可达 DNS 都可以正常工作。

14.【答案】ABCD

【解析】软件维护工具主要有：版本控制工具、文档分析工具、开发信息库工具、逆向工程工具、再工程工具、配置管理支持工具。

15.【答案】ACD

【解析】Web 的兼容性测试需要针对主流操作系统和浏览器进行测试，浏览器的兼容性和操作系统的兼容性可以结合起来；不同浏览器的安全性设计可能不同，层次结构风格在不同浏览器上显示可能不同，都需要分别进行测试。

三、判断题

1.【答案】×

【解析】指导原则可指导组织工作，并根据自身特定需求与情况来调整 ITIL 的指导方针。

2.【答案】×

【解析】TCP 是一种面向连接的协议，提供可靠的数据传输服务；UDP 是无连接的，数据包可能会丢失，优势在于传输效率较高。

3.【答案】×

【解析】聚簇索引是一种特殊的索引，决定了表中数据的物理存储顺序。当表上建立聚簇索引时，数据库的内模式会发生变化。

4.【答案】√

【解析】在组织开发团队时，应该考虑开发人员的工作能力、知识背景、工作风格、兴趣爱好等多方面的因素。

5.【答案】×

【解析】在 Python 语言中，字符串连接操作使用“+”运算符，先计算“c” *2 得到“cc”，然后两个字符串连接得到“abcc”。

6.【答案】√

【解析】LAN（局域网）备份通常在网络内部进行，数据直接从源设备通过网络传输到备份设置或存储介质上，提高了传输效率；备份操作可以利用网络中的其他资源或设备完成，不需要主服务器承担过多的负担。

7.【答案】√

【解析】这一措施在安全上一是为了防止水害，二是避免电器短路。

8.【答案】√

【解析】通常 UPS 采用开放式电池架，以利于蓄电池的运行及维护。

9.【答案】×

【解析】RAID5 至少需要 3 块硬盘。

10.【答案】×

【解析】总体框架在概要设计阶段完成。

四、案例分析题

1.【答案】ABC

【解析】大二层网络结构的缺点是由于二层网络处于同一个广播域下或者一个较大的广播域下，广播报文在环路中会反复持续传送，而二层报文转发没有 TTL 机制，容易形成广播风暴，故该网络模型不适用大规模复杂网络。

2.【答案】C

【解析】H. 323 是一种标准的音视频传输协议，是为了在 IP 网络上实现多媒体通信而设计的，使用 UDP 传输实时媒体数据，使用 TCP 传输控制命令。

3.【答案】A

【解析】虚拟化平台通过 FC 交换机连接存储系统，其连接方式为 FC-SAN。

4.【答案】C

【解析】NAS 是一种特殊的专用数据存储服务器，通过网络连接到计算机和其他设备，提供数据存储、文件共享和备份等功能。它以数据为中心，将存储设备与服务器彻底分离，集中管理数据，提高性能。在网络拓扑图中，录播系统通过网络设备将视频文件存储在视频存储服务器中，因此该视频存储属于 NAS。

5.【答案】BD

【解析】电子政务内网为涉密网络，上述设计中，涉密网络和非涉密网络仅进行了逻辑隔离，不符合涉密网络设计规范，必须进行物理隔离。由于该设计中包含了 MCU 多点控制单元，召开视频会议时 MCU 作为核心，连接局域网内的视频会议终端和互联网上其他参会终端，所以，各会议室的视频会议终端不需要配置一对一的 NAT 映射公网 IP 地址，使用局域网 IP 地址和 MCU 连接；由于互联网参会视频终端需要连接 MCU，所以 MCU 需要配置一对一 NAT 映射公网 IP 地址，供互联网参会视频终端访问连接。

五、论述题

1.【答案】可以从以下方面进行阐述：(1) 选择合适的杀毒软件。杀毒软件种类繁多，各有优缺点，要结合自身和电脑的情况，选用合适的杀毒软件。比如卡巴斯基和诺顿杀毒软件功能强大，防御性能好，但是占用系统资源较大，而且需要付费；360 杀毒软件功能齐全，内存占用不高，并且是免费的；金山杀毒软件内存占用小，也是免费的。

(2) 不要在一台电脑上同时安装两款及以上的杀毒软件。杀毒软件安全级别会有冲突，会造成卡机、无法上网，甚至无法启动等情况。

(3) 养成定期查杀病毒的习惯。安装了杀毒软件，如果不能定期查杀病毒，那么杀毒软件的作用就会大打折扣。

(4) 及时更新病毒库。长时间不更新病毒库，会造成新出现的病毒无法查杀的问题。

(5) 对从网络下载的资源和外部拷贝过来的数据，应该先查杀病毒再使用。

(6) 有些不是病毒的程序会被杀毒软件误报，比如一些盗版软件的注册机（用来自动生成注册码的程序）。

2.【答案】(1) 不符合安全规范的有：①将密码贴在显示器上；②不同系统使用同样的密码；③借用他人账号；④随意扩大应用系统权限；⑤私自联系电脑维修公司维修计算机；⑥将旧硬盘交由电脑维修公司销毁；⑦通过外网即时通信工具发送敏感数据；⑧纳税人联系方式、身份证号码公示时未脱敏。

(2) 正确的做法是：①系统密码应妥善管理；②不同应用系统不得使用相同的密码；③不得借用他人应用系统的账号密码；④应用系统授权应遵循最小化原则；⑤电脑损坏应交由信息技术管理部门，由信息技术管理部门联系符合税务网络管理要求的电脑维修公司，须与该公司和维修者签订保密协议；⑥应由信息技术管理部门使用专业工具进行旧硬盘的销毁；⑦不得通过外网即时通信工具发送敏感数据；

⑧纳税人联系方式、身份证号码应该脱敏后再公示。

(3) 可以从以下几个方面加强税务数据的安全管理工作：①各应用系统进行身份认证，应用系统的登录通过用户名、密码，密码须不少于八位，数字与字母组合；②授权遵循“最小化”原则；③禁止共用账户、禁止使用他人账号，对调离、离岗、退休等人员应及时收回账户权限；④采用堡垒机等信息技术手段对数据访问进行控制；⑤部署日志审计系统，收集操作系统、数据库、应用系统等系统日志，并对日志进行关联分析；⑥在税务数据的产生、传输、存储等各个环节，注重保护纳税人的商业密码、个人隐私；⑦不得通过外网不安全模式传输敏感数据，工作数据不能存储于个人电脑及存储介质中；⑧防范违规外联，以免感染木马等，造成数据泄露；⑨对内网计算机存储介质妥善保管，内网信息设备维保需要签署保密协议的签约单位统一运维，对报废信息设备，需对存储介质消磁后再处理。